解读花粉

■ 王宪曾 编著
■ 常燕生 配图

北京大学出版社

图书在版编目(CIP)数据

解读花粉/王宪曾编著.—北京:北京大学出版社,2005.9
ISBN 7-301-08834-5

Ⅰ.解… Ⅱ.王… Ⅲ.花粉—普及读物 Ⅳ.Q944.58-49

中国版本图书馆 CIP 数据核字(2005)第 024881 号

书　　　名:	解读花粉
著作责任者:	王宪曾　编著　　常燕生　配图
责 任 编 辑:	郑月娥
标 准 书 号:	ISBN 7-301-08834-5/Q·0101
出 版 发 行:	北京大学出版社
地　　　址:	北京市海淀区成府路 205 号　100871
网　　　址:	http://cbs.pku.edu.cn
电　　　话:	邮购部 62752015　发行部 62750672　编辑部 62752021
电 子 信 箱:	zpup@pup.pku.edu.cn
排　　　版:	北京高新特打字服务社　82350640
印　　　刷　者:	世界知识印刷厂
经　　　销　者:	新华书店
	890 毫米×1240 毫米　A5　7.375 印张　187 千字
	2005 年 9 月第 1 版　2006 年 1 月第 2 次印刷
定　　　价:	18.00 元

未经许可,不得以任何方式复制或抄袭本书之部分或全部内容。
版权所有,翻版必究

著名营养学家于若木先生为合作开发"花粉高营养面"题词:"建立花粉食品基地 造福我国人民"。(右一)花粉学教授王宪曾

2000年北大山宝科技开发公司同河南新乡大方食品公司合作开发"花粉高营养面"签字仪式在北京大学举行。前排左起为北京大学花粉学教授王宪曾(左一)、著名营养学家于若木先生(左十一)、中国保健食品协会原会长关舟先生(左十三)、中国蜂产品协会原常务副会长乔廷昆先生(左十五)、中国保健食品协会原副会长刘建文先生(左十七)

余热

——读《解读花粉》而作

旭日夕阳红似火,缤纷晚霞美景多;
古稀一壮编巨著,功在花粉创新歌。
七旬腾沛多壮志,余火点燃荒草坡;
垦开耕耘农家物,花艳蜂来事更多。

中国农业科学院蜜蜂研究所

徐景耀

2005 年 3 月 25 日

序

花粉,近年来,作为营养保健品,已经"飞入寻常百姓家"。

人们对花粉的认识,在我国也已经有两千多年的历史。有的地区,人们已有食用花粉的习俗,在药典中也有翔实的记载。但是,花粉为普通百姓所接受,还是近二三十年来的事情。这是因为,随着国家经济的发展,人们生活水平不断提高,但在物质文明发展的同时,也给人们带来了诸多的现代"文明病"。由于环境污染、营养失衡等因素,百分之七十以上的人群面临着亚健康的威胁。21世纪人类的健康面临着严峻的挑战。人们渴望健康,因此,营养保健意识相应加强。

花粉由于它所具有的特性,是人类最理想的保健品之一。在国外,花粉早已受到人们的普遍重视,在欧美国家的商店里和餐桌上,随处可见瓶装的原花粉。一些科研机构,以花粉为原料,还研制出多种药品,疗效相当显著。在我国,近年来,花粉的研究和应用,也越来越引起食品界和医药界的关注,花粉产品相继问世。如何引导人们科学地认识花粉,正确地应用花粉,仍然是花粉研究工作者义不容辞的任务。

北京大学王宪曾教授长期从事花粉的研究和教学工作,对古孢粉和现代花粉均有很深的造诣。如今,他总结了毕生的研究成果,在参阅国内外大量有关花粉的文献资料的基础上,写出了这本书。该书从方方面面解读花粉,深入浅出地向读者介绍了花粉中所包含的十三大类近三百种天然营养成分;对每一种营养成分又作了科学的分析,从而揭示了每一种营养成分保健作用的机理和功效。该书通过通俗易懂的科学语言和实验数据,向读者说明,来自大自然的花粉中不但含有丰富的维生素和矿物质等诸多营养成分,而且各种营养成分比较均衡,真可谓是全天然、全营养、全吸收的三全天然营养源。全书以不争的事实向读者证明,花粉能够为人类的健康提供物质基础,从而保证人们的健康,可以加强人们防御疾病的能力;同时,花粉在治疗某些疾病上,也能发挥其特有的功效。有人说"花粉是长寿的秘密武器",我看不为过分。我国地域辽阔,花粉资源极为丰富,特别是松花粉为我国独有,可供全国食用,还可出口。对花粉的开发和利用前景无量。我乐观地期待着更多的花粉产品问世。

《解读花粉》是一本关于花粉和人类健康高品位的科普读物。作者详细、系统地阐明了有关花粉的基本知识,又指出花粉的种种功效,具有科学性、实用性和可读性。该书的出版,将会进一步促进人们对花粉的科学认识,从而正确地应用花粉。每位读者若能坚持食用花粉,必将会终生受益。

中国食文化研究会会长
中国蜂产品协会名誉会长 杜子端
2005年4月3日

前 言

本书作为一本高级科普读物,拟全面系统地向广大读者,特别是向广大的关注花粉与人类健康的朋友们,提供一把打开神奇花粉世界的钥匙。

本书共分八个部分。

第一章,深入浅出地向读者介绍花粉的基础知识,使读者对花粉的由来、形状、种类以及传播的方式等能有一个概括的科学的认识。

第二章,着重介绍我们的祖先对花粉认识的过程和利用花粉的情况。早在两千多年前的《神农本草经》中,就有松花粉入药的记载;在我国江浙沿海一带我们的先人就有食用松花粉的习惯;唐朝的女皇武则天和清朝的慈禧太后都是由于经常食用花粉而红颜不老。

第三章,"花粉专家、权威论花粉",全面系统地介绍国内外的花粉专家、营养学家以及医药专家对花粉在营养、保健、医疗、美容等方面的科学评价。专家们在长期研究花粉的过程中充分地认识到花粉确实是大自然赐予人类的最理想的天然营养源,是人类青春和健康的源泉,是老年人健康长寿的保证,是儿童生长、发育、益智的物质基础。

第四章,花粉的营养保健作用及功效部分是本书的重点,在书中将全面系统地介绍蜂花粉以及其他用人工采集的花粉的营养成分、保健作用和医疗方面的功效。书中从理论和实践两个方面深刻地揭示花粉所以具有营养保健作用的机理和具有明显疗效的原因,读后会使您更坚信花粉的确是 21 世纪人类重要的新型营养源,是养生、保健、长寿的物质基础。

第五章,评述了我国花粉资源概况及开发现状,并系统地介绍了我国一些具有开发利用前景的花粉资源植物的性状、生态环境及地理分布,并且对该植物花粉的形态构造及开发利用意义作了分析,最后指明了今后我国花粉资源开发利用的方向。

第六章,向读者详细介绍花粉的采集方法、保鲜技术、贮存方法以及花粉的食用方法、食用量等。同时还向读者介绍了一些具有某些特殊营养保健作用的花粉,以便广大消费者挑选和购买。

第七章,向广大读者介绍花粉的奇妙用途:如在农业上利用蜜蜂传粉、授粉,可以增产$15\%\sim30\%$;草莓通过蜜蜂的传粉后不但个大、肉丰,而且口味甘甜。同样人工采集的花粉,经人工授粉也可以使农作物大大提高产量。利用化石花粉可以探查矿产资源、恢复古代的气候与环境,甚至可以运用花粉的传粉规律进行侦查破案。化石花粉的研究用在考古学上可以恢复古代人类生活的自然环境以及古代农耕的发展过程。

在本书的附录部分,还回答了读者所关心的几个问题,如花粉过敏问题、花粉激素问题、花粉破壁问题及有毒花粉问题。

通过您对本书的认真阅读,定能从书中获得许多关于花粉的新颖而有用的知识,并必将成为一位花粉的坚定的热爱者、花粉的受益者。如果您长期服用花粉,花粉一定会使您成为一位身体强健、精力充沛的健康长寿者。

最后,由于作者水平有限,书中的疏漏和错误在所难免,恳请读者批评指正。

编　者

2004年10月

目 录

第一章　花粉的基础知识 …………………………………… (1)
　一、花粉的发现与研究历史 ……………………………… (1)
　二、花粉的生成 …………………………………………… (1)
　三、花粉的种类 …………………………………………… (4)
　四、花粉的形态特征 ……………………………………… (5)
　五、花粉在植物中的作用 ………………………………… (9)
　六、花粉的传播 …………………………………………… (10)
　七、花粉传播的生理规律 ………………………………… (14)

第二章　人类对花粉的认识及利用 ………………………… (18)
　一、人类对花粉的认识过程 ……………………………… (18)
　二、人类对花粉的利用 …………………………………… (30)

第三章　专家、权威论花粉 ………………………………… (38)
　一、中国专家、权威论花粉 ……………………………… (39)
　二、国外专家、权威论花粉 ……………………………… (43)

第四章　花粉的营养保健作用及功效 ……………………… (54)
　一、花粉的有效成分 ……………………………………… (55)
　二、花粉中各种有效成分的营养保健作用 ……………… (91)
　三、花粉的功效 …………………………………………… (121)

第五章　中国的花粉资源 …………………………………… (153)
　一、概述 …………………………………………………… (153)
　二、中国重要花粉资源植物及花粉 ……………………… (157)
　三、花粉资源开发现状及今后开发建议 ………………… (177)

第六章　花粉采集、贮存、加工、食用与挑选 …………… (181)
　一、花粉的采集方法 ……………………………………… (181)

1

二、花粉的活力与保鲜贮存 …………………………… (184)
　　三、花粉的加工 ………………………………………… (188)
　　四、花粉的食用方法 …………………………………… (194)
　　五、花粉的挑选原则 …………………………………… (196)

第七章　谈天说地论花粉 ……………………………………… (199)
　　一、花粉与农业 ………………………………………… (199)
　　二、花粉与环境 ………………………………………… (201)
　　三、花粉与矿产 ………………………………………… (206)
　　四、花粉与考古 ………………………………………… (211)
　　五、花粉与侦探 ………………………………………… (215)

附　录　人们对花粉关注的几个问题 ………………………… (219)
　　一、花粉破壁问题 ……………………………………… (219)
　　二、花粉致敏问题 ……………………………………… (220)
　　三、花粉激素问题 ……………………………………… (221)
　　四、有毒花粉问题 ……………………………………… (222)

主要参考文献 …………………………………………………… (227)

后　记 …………………………………………………………… (230)

第一章 花粉的基础知识

一、花粉的发现与研究历史

花粉已经有一百多年的研究历史。早在显微镜发明之后,科学家便开始用显微镜观察用肉眼看不到的天然物,并且从植物的花朵中发现了一些金黄色粉末状微粒。因其生长在花朵之中,故名为花粉,英文 pollen 的意思为强大的,元气充沛的。植物学家进一步研究发现,花粉在植物中的作用是为植物繁衍后代。总之,花粉的定义为:植物体上的雄性生殖细胞。继之,对各种不同植物体的花粉进行了大量的形态描述工作,因而长期对花粉的研究,多集中在其外表形态特点的描述,而对花粉壳内的物质,统称为"原生质",则相对研究较少。

19 世纪初,地质学家们从深埋在地下的地层中,也发现了化石孢子和花粉,并对此进行了大量的研究工作,进而应用在地质学中,从而开始了花粉研究的第二阶段。20 世纪初,科学家们研究发现,用花粉进行受精,可以促使农作物增产,自此便开始了花粉在国民经济中应用的时代。

20 世纪初,科学家开始研究花粉壳内的内含物,从中发现了多种多样的生物化学成分。它们均含有十分丰富的能促进人体健康的营养物质,从而将花粉与人类的营养保健紧密结合起来。这就开辟了花粉研究进入现代高科技的新时代。

二、花粉的生成

一个花粉粒的生成过程,首先是出现在一朵花的雄蕊之上的花药(图 1-1 和 1-2)中。起初花粉囊只是一团花粉母细胞,通过两次分裂之后形成单粒的花粉(图 1-3)。单粒花粉的构造包括花粉壁(包括两层,外壁和内壁)、花粉壁内的细胞核(包括花粉生殖核及花粉管核)、原生质(即花粉内的全部营养成分)以及花粉壁上的各种萌发器官(即花粉成熟后向外释放营养物质的器官),另外,在整个花粉粒的表面上还生长着各种各样的纹饰(图 1-4)。

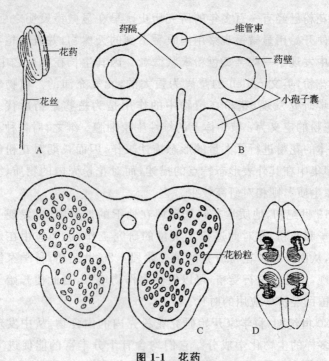

图 1-1 花药

A—雄蕊;B—花药横切面(造胞组织时期);C,D—成熟时期的花药;
C—横切面;D—花药中间部分横断立体示意图

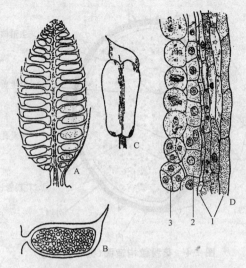

图1-2 松树上的雄花序(A),雄球果纵切(B),
花粉囊切面(C)和花粉囊背面(D)
1—花粉囊壁;2—绒毡层;3—花粉

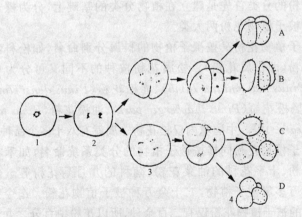

图1-3 花粉形成图(据岩波洋造)
A,D—四分体(A—十字形,D—四面体形);B,C—单粒花粉
1—花粉母细胞;2—第一次分裂;3,4—第二次分裂

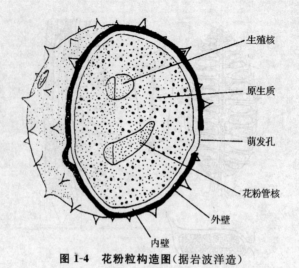

图 1-4　花粉粒构造图（据岩波洋造）

三、花粉的种类

花粉的分类首先是建立在植物分类的基础上，分为裸子植物花粉和被子植物花粉两大类。

裸子植物花粉又按裸子植物的科属分别命名，如松科花粉中的松花粉（即松属花粉）。松属花粉按种的不同又可分为马尾松花粉（*Pinus massoniana lamb*）、赤松花粉（*Pinus densiflora sieb zucc*）、黑松花粉（*Pinus thunbergii part*）、油松花粉（*Pinus tabulaeformis carr.*）等。中国境内仅松花粉一属就有八十多个品种。

被子植物花粉同样按被子植物的分类系统命名，如禾本科的玉米花粉、十字花科的油菜花粉、菊科的九月菊花粉等。全世界约有一万多属被子植物，二十余万种被子植物花粉。迄今为止经过研究的被子植物花粉仅有二百余种，所以花粉中百分之九十以上还有待研究。因此这一大类花粉具有广阔的开发应用前景。

依据花粉传播的方式不同，又可将花粉分为两大类，一为由风力传播的花粉，称风媒花粉，如裸子植物的松花粉就是典型的风媒花粉。二为由昆虫传播的花粉,称为虫媒花粉,如被子植物中菊科的花粉、蔷薇科的花粉即为虫媒花粉,虫媒花粉中绝大多数由蜜蜂传播,故虫媒花粉又可称为蜂花粉。由此可见,松花粉和蜂花粉的根本区别为传播的方式不同,它们的营养成分和营养保健作用基本上相同。

在自然界中除了风媒花粉和虫媒花粉之外,还有个别的花粉是由鸟类传播的,如南美洲的蜂鸟就是专门吸食花粉和花蜜的鸟。因此,蜂鸟便成为某些植物花粉的传播媒介。

四、花粉的形态特征

花粉的形状千变万化,不同种类的植物便会产生不同形状的花粉,因而运用花粉的形态特征即可辨认出该花粉是属于哪一类植物的花粉。

现将各大类植物花粉的形态特征简介如下。

(一) 裸子植物花粉的形态特征

裸子植物花粉形态归纳起来可分为五个类型(图1-5)。

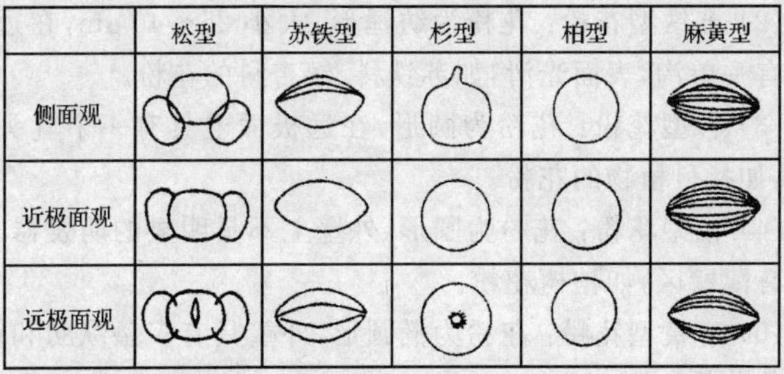

	松型	苏铁型	杉型	柏型	麻黄型
侧面观	◯◯◯	◯	◯	◯	◯
近极面观	◯◯◯	◯	◯	◯	◯
远极面观	◯◯◯	◯	◯	◯	◯

图1-5 裸子植物花粉类型(据《中国植物花粉形态》,1960)

(1) 松型花粉:该花粉具有一个近椭圆形的本体,在本体的两侧各具有一个近圆形的囊(图1-6)。松花粉的形态要素包括花粉的总长度,一般45～90μm;本体的长度和高度;本体上外壁增厚的部分,称之为帽;帽边缘加厚的部分,称之为帽缘。气囊和本体在远极面上的交点为远极基,反之为近极基,气囊为本体两侧的外壁外层向外膨胀而形成,气囊内为网状结构,本体上多为颗粒状纹饰。松花粉为裸子植物中结构、构造最复杂的一个类型。属于松型花粉的除了松科中的松属、云杉属、油杉属以外,还有罗汉松科的花粉。

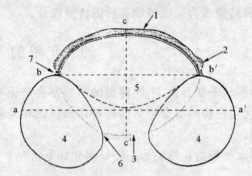

图1-6　具气囊花粉的构造(据《中国植物花粉形态》,1960)
aa′—总长;bb′—本体长;cc′—本体高
1—帽;2—帽缘;3—远极;4—气囊;5—本体;6—远极基;7—近极基

(2)苏铁型花粉:花粉为纺锤形,大小25～40μm,在远极面上具有一单沟,表面光滑,如苏铁科、银杏科的花粉。

(3)杉型花粉:花粉为圆形,在远极面上具有一个乳头状的突起,如杉科植物的花粉。

(4)柏型花粉:花粉为圆形,外壁上不具明显的萌发器官,但常见有薄壁区,如柏树花粉。

(5)麻黄型花粉:花粉为椭圆形,外壁具有多条纵肋和纵沟,如麻黄花粉。

(二)被子植物花粉的形态特征

被子植物是植物界中最高等的一个大型多样植物类群,它共有一万多属,二十多万种,占整个植物界的一半以上。因而被子植物花粉的形态也多姿多态,现根据花粉是单细胞还是复合细胞、萌发器官的有无、形态特征及数目,把被子植物花粉归纳为如下主要类型(图 1-7)。

1. 复合花粉

凡是两个以上的单粒花粉集合在一起的都称为复合花粉(图 1-7 之 1)。若两个单粒花粉结合在一起则称二合花粉,如水麦冬科(Juncaginaceae)的芝菜属。由四个单粒花粉结合在一起称四合花粉,如杜鹃科(Ericaceae)。由八个、十六个单粒花粉结合在一起的,则在含羞草科中常见。

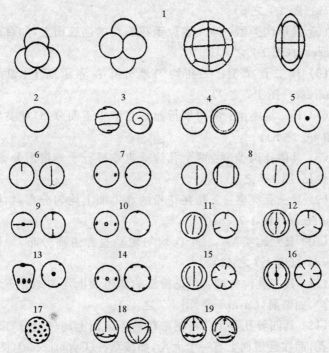

图 1-7 被子植物花粉类型(据《中国植物花粉形态》,1960)

2. 单粒花粉

只有一个单细胞所组成的花粉粒为单粒花粉,可分为如下 18 个基本类型。

(1) 无孔沟类型:花粉上不存在孔和沟构造的花粉,如杨树花粉(*Populus*)(图 1-7 之 2)。

(2) 具螺旋状沟类型:在花粉粒上只有一个螺旋状沟,如小檗科(Berberdaceae)、谷精草科(图 1-7 之 3)。

(3) 具环沟类型:沟在花粉上相连成环,如睡莲科(Nymphaeaceae)(图 1-7 之 4)。

(4) 具单孔类型:孔位于花粉粒的远极面上,如禾本科(Gramineae)(图 1-7 之 5)。

(5) 具单沟类型:沟大多位于花粉粒的远极面上,如百合科(Liliaceae)(图 1-7 之 6)。

(6) 具二孔类型:二孔均匀地分布在赤道面上,如桑科(Moraceae)(图 1-7 之 7)。

(7) 具二沟类型:两沟平行而垂直于赤道面分布,此类型少见(图 1-7 之 8)。

(8) 具两孔沟类型:两个孔沟垂直或平行于赤道面分布,此类型少见(图 1-7 之 9)。

(9) 具三孔类型:三孔在花粉的赤道面上均匀分布,如桦科(Betulaceae)(图 1-7 之 10)。

(10) 具三沟类型:三个沟均匀地垂直赤道面分布,如栎属(*Quercus*)(图 1-7 之 11)。

(11) 具三孔沟类型:在花粉粒的赤道面上均匀地分布着三个孔沟,如栗属(*Castanea*)(图 1-7 之 12)。

(12) 具四异孔类型:在花粉粒的赤道面上均匀地分布着三个小孔,而在远极面上有一个大孔,如莎草科(Cyperaceae)(图 1-7 之 13)。

(13) 具多孔类型:在花粉的赤道面上均匀地分布着三个以

上的孔,如枫杨属(*Pterocarya*)(图 1-7 之 14)。

(14) 具多沟类型:在花粉粒的赤道面上均匀地分布着三个以上的沟,如茜草科(Rubiaceae)(图 1-7 之 15)。

(15) 具散孔类型:在花粉的表面上均匀地分布着许多孔,如藜科(Chenopodiaceae)(图 1-7 之 17)。

(16) 具散沟类型:在花粉表面上均匀地分布着许多沟,如水蓼(图 1-7 之 18)。

(17) 具多孔沟类型:少见(图 1-7 之 16)。

(18) 具散孔沟类型:少见(图 1-7 之 19)。

除了以上 18 种基本类型外,自然界中还有极少数的花粉是由两种不同的孔沟类型复合而成的,如杜仲科(Eucommiaceae)的杜仲属(*Eucommia*)的花粉的萌发器官为由一个环沟和一个单沟复合而成的花粉。

五、花粉在植物中的作用

花粉作为植物体中的一个重要器官——雄性生殖细胞,当然起一个植物体的传宗接代的作用。当一个植物上的花朵开放以后,花粉发育成熟后,它自然会通过风力、昆虫、鸟类,甚至流水的动力将花粉带到一朵花的雌蕊的柱头上(图 1-8)。花粉表面的蛋白质和柱头的蛋白质经过亲和力的识别,并具有一定的亲和力时,花粉在适宜的温度和湿度之下便萌发出花粉管,这时花粉中的精子细胞和管核移进花粉管与雌性生殖细胞结合形成受精合子。后来再发育为受精的种子,种

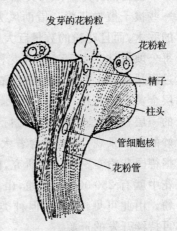

图 1-8 花粉在柱头上萌发

子萌发之后即可生长出下一代植物来。由此可见,花粉作为植物的雄性生殖细胞是植物精华之所在,小小的花粉中不但包含着生命的遗传信息,而且还包含着孕育新生命的全部营养成分。

六、花粉的传播

当花粉形成之后,为了很好地完成它的生殖使命,花粉便面临着一个如何用最先进的方法,将自己尽快地传播到它们必须到达的地方——雌性生殖器官上去的问题。科学家们把花粉传送到雌性生殖器官的过程,称为传粉。那么,这个传粉过程究竟是怎样进行的,各种不同的花粉又是通过怎样的方式传送的呢?解决这些问题对我们进一步了解花粉的作用,以及如何进一步应用这些传播特点都具有重要的理论价值和应用意义。

(一)风力传播的花粉

在自然界中靠风力传播的花粉主要为松科的松花粉,其次为一些被子植物花粉。借助风力传播花粉的母体植物大多为高大的乔木,而且花粉的数量巨大(图1-9)。据瑞典科学家统计,每季每公顷松林产生75 000吨花粉。当松林正处于开花期时,大风吹过便从松树上飘落下如黄色浓雾似的花粉,松林地面上覆盖了一层金黄色的花粉;当松花粉飘落到河面上,在河湾处会堆积厚厚的一层;特别是松花盛开之际的风雨天气,你会看到一种更为奇妙的自然景观,雨水饱含着大量的花粉,落下来的竟是黄雨。另据德国花粉专家波尔的研究,榛树(*Corylus heterophylla*)上一朵花中就有250 000粒花粉,山毛榉树上一朵花中有637 000粒花粉。由此可见,花粉不但种类繁多,而且数量巨大,又是可再生、可持续开发的资源。

借助风力传播的花粉具有两个方面的形态构造特点。在裸子植物中,它的最大的形态构造特点是在松花粉本体的两侧各生

图 1-9　无处不在的花粉

着一个气囊，而这两个气囊的形成是长期适应风力传粉的结果；在被子植物中靠风力传粉的花粉的形态构造特点，则向着花粉粒个体缩小、花粉粒表面纹饰退化的方向发展（图 1-10）。在被子植物中具葇荑花序的植物的花粉多为风力传粉，如杨柳科杨树的花粉（$Populus$）、胡桃科的胡桃花粉（$Juglans$）、桦木科白桦树的花粉（$Betula$），以及禾本科（Gramineae）植物的花粉等。风力传播的花粉不但数量大，而且结构具有适宜飞翔的构造，可传播得很远。如松花粉在大风天气下可以飞翔到数千千米之外，科学家们曾经在太平洋的中脊中找到了松花粉；被子植物的风力传播花粉也可以飞到 1800～2100 km 之外，桦树花粉最远可传播 300～600 km，但它们绝大多数仍然传播得很近，一般 90% 的风力传播花粉只能飞翔 10 km 以内。

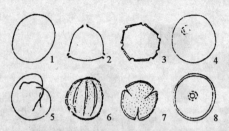

图 1-10 风力传播花粉形态

1,5—杨属；2—桦木科；3—胡桃科；4,8—禾本科；6,7—栎属

（二）昆虫传播的花粉

在被子植物中大多数植物的花粉是靠昆虫传播的,凡是由昆虫传播花粉的花,统称为虫媒花,由小蜜蜂传播和采集的花粉称为蜂花粉(bee pollen)。虫媒花在长期适应昆虫传粉的自然环境条件下往往产生一些有利于昆虫传粉的变异,虫媒花往往具有硕大的花朵、五彩缤纷的花瓣,花中多具蜜腺,分泌出香甜的花蜜,由此吸引昆虫来访。同样为了适应昆虫传粉的花粉,其自身的形态和风媒花的花粉也完全不同,如虫媒花的花粉一般个体较大(50～150 μm),在花粉粒的表面上往往生长着较为复杂的纹饰,如刺状纹饰、粗网状纹饰、棒状纹饰等(图 1-11),而且在花粉表面具有果胶质层,使花粉容易粘附到昆虫身上。此外,在虫媒花中传粉的昆虫除前面提到的蜜蜂外,还有青蜂、凡花蜂、蝇类、蝶类等昆虫。更有趣的是,在南美洲的热带地区还有一种身体极小的蜂鸟也靠采食花中的花粉为生,因而称由蜂鸟传播花粉的那些花为鸟媒花。南美洲有一种藤本植物——蜜束花属(*Marcgraria*)就是靠蜂鸟来传粉的。

（三）水中传播的花粉

自然界中绝大多数的有花植物都是生于陆地,但是也有少数有花植物由于长期处于水生环境中,也产生了一些借助水力传播

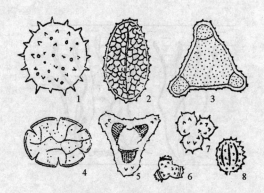

图 1-11 虫媒花花粉形态

1—锦葵科花粉；2—百合科花粉；3—山龙眼科花粉；
4—唇形科花粉；5~8—菊科花粉

花粉的植物（图 1-12）。一般说来，在水生有花植物中绝大多数仍然保存着它们的祖先在空气中传粉的习性，因为现代的水生有花植物中绝大多数是由陆生的有花植物逐渐适应水生环境而重返水中生活的一种返祖现象。如眼子菜科（Potamogelonaceae）植物，它虽是生于淡水中的有花植物，而且植物体全部沉于水中，但当眼子菜开花时则生出长长的花柄，将花高高举出水面，仍然借助空气进行传粉，所以眼子菜科花粉仍然反映了陆生有花植物花粉的一般特征。在水生植物中还有一些植物属虫媒花，如泽泻属（*Alisma*）。当它开花时，花朵高高挺立于空气中，色泽鲜艳，花香扑鼻，往往吸引来许多昆虫。但也有些植物由于长期适应了水中生活，它们不论开花和传粉都是在水中进行，茨藻属（*Najas*）为一年生沉水草本植物，具柔弱分枝，植株高约 70 cm，全沉于水中；花雌雄异株，雄花生于叶腋处，具一雄蕊，两个花瓣，花粉为丝状，没有固定的外壁，传粉就在水中。

在水生有花植物中苦草属（*Vollisneria*）植物的花粉传播是非常有趣的，苦草为水生草本植物，植物体没有茎，许多带状的叶子簇生于水底；雌雄异株，雌花生于一细长的花柄之上，待雌花成熟

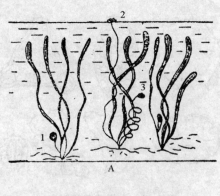

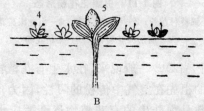

图 1-12　苦草属的水下传粉（据金杰里）

A—苦草属植株一般形态；B—在水面上飘浮的花。1—未成熟的雄花苞；
2—未成熟的雌花；3—受精后的果实；4—成熟的雄花；5—成熟的雌花

时则伸出水面开放（图 1-12）；雄花则生于水下植株的基部，形状如圆球，待雄花成熟后，则脱离植株飘浮于水面，雄花苞打开，借助于三个龙骨状的花瓣飘浮于水面之上，这时由于随意飘浮可能与雌花相碰并进行传粉。当雌花受精后，长花柄则卷曲成螺旋状，便将雌花拉入水中，果实在水中成熟。

七、花粉传播的生理规律

我国著名马尾松花粉研究专家朱德俊教授，对马尾松植物开花传粉规律进行了潜心研究，取得了丰硕的成果。

这里不多叙述，现在让我们再谈谈被子植物花粉传播的生理规律。被子植物花粉的传播规律和裸子植物的松花粉传播规律一样,也受着自然条件的控制和植物生理条件的制约。由于不同属种的植物开花的季节不同,自然传粉的时期也各不一样。如北京地区在春天开花最早的为榆树(*Ulmus pumila*),一般 3 月下旬到 4 月初榆树集中开花传播花粉,3 月底到 4 月下旬杨树(*Poplus*)开花传播花粉,3 月底松树开始开花传播花粉,4 月初柳树开始开花传粉。蔷薇科(Rosaceae)的杏、桃树于 3 月底也相继开花传播花粉,4 月中旬槭树(*Acer*)开始开花,4 月下旬胡桃(*Juglans*)开始开花,栎树(*Quercus*)也在此时相继开花传粉,4 月底桑树(*Morus*)开始开花,5 月初各种禾本科(Gramineae)植物也开始开花。由此将一年中不同植物开花传粉的不同时期按先后顺序排列出来则形成一个花粉的传播月历,见图 1-13。该图是笔者对北京地区花粉传播规律长期观察后制作而成。

花粉的传播,不但在不同的季节有不同植物开花传粉的固有规律,而且即使对同一个植物一天之中开花的时间也都有其固有的规律性。据观察,豚草开花传粉的高峰在每天上午六点至下午两点之间。英国伦敦市大气中禾草花粉在一天内传播的高峰在下午三点至晚八点之间。荷兰的乌德勒支市上空禾草花粉传播的时间在下午三点至六点之间,但在开花的盛花期发现有几天在一天之内有三次传粉高峰,第一次在早晨五点,第二次在中午十一点,第三次在下午五点。而澳大利亚的墨尔本市禾草的花粉开花传粉高峰却往往发生在夜间。在北京马齿苋科(Portulacaceae)植物开花的时间在早晨五点至上午十点之间,昙花都在晚上八点以后开花,夜来香也只是在夜间开放。在北美洲俄亥俄州的梯牧草的开花传粉时间也是在夜间,一般自晚上十点开始,凌晨两点达到高峰,六点即结束。上述这些植物开花传粉的时间一方面受到植物体内生理机能的控制,另一方面也受到外界自然环境条件变化的影响。

花粉传播的过程,一般分为两个阶段:第一阶段为花药开裂

解 读 花 粉

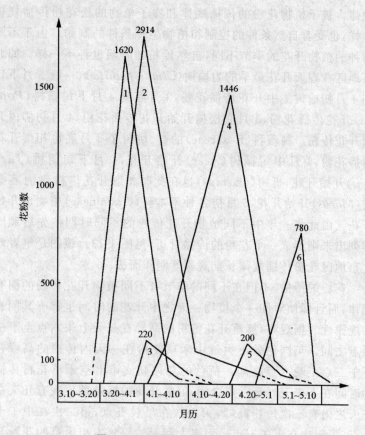

图 1-13　北京上半年花粉传播月历

1—榆属；2—杨属；3—侧柏；4—柳属；5—胡桃属；6—桑属

图中花粉数为每月在单位面积（18 mm×18 mm）上降落的花粉数

（参见图 1-1），花粉从花药中散出，在该阶段中，花粉并不马上传播出去，而是先结成花粉粒团沉降在植物体的叶茎表面；第二阶段是待花粉干燥后才被风吹走。在花粉传播的这两个阶段中，往往受到不同气候条件的制约，因为一朵花的开放，主要是靠温度和相对湿度的变化而诱发的，当花粉成熟之后从花药中落到植物的茎叶表面上,再被风吹散到大气中,而花粉在大气的流动又受风速、风向和湍流的控制(图1-14)。如禾草类花粉传播的高峰和温度成正比,与降雨和相对湿度成反比。在天空中覆盖云层时大气中花粉的含量会大大减少,如天气晴朗的大气中花粉的含量则增加;降雨会减少大气中花粉的含量,但阴湿的天气由于植物吸收水分充足,生长发育迅速,花朵发育很快,一旦天气晴朗花粉在大气中的数量又会大大增加。一般说来,气压高的地区对花粉传播有利,低气压则不利于花粉在空中的传播。

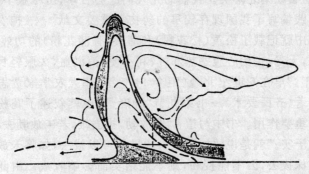

图1-14 当强烈雷暴雨时含有花粉烟雾气流的行为图解
(引自 Nilssen,1973)

第二章 人类对花粉的认识及利用

一、人类对花粉的认识过程

中国是世界文明古国之一,早在两千多年前,著名爱国诗人屈原在他的长诗《离骚》中就有餐饮花粉的诗句:"朝饮木兰之坠露兮,夕餐秋菊之落英。"我们的先人们广尝百草,历尽艰辛,以亲身的实践编写了我国现存较早的药物学重要文献——《神农本草经》,书中就记载了松黄(松花粉)和蒲黄(香蒲花粉)的功效:"气味甘平,无毒,主治心腹寒热邪气,利小便、消淤血,久服轻身益气力,延年。"早在6世纪北魏(距今1400年)伟大农学家贾思勰的农事巨著《齐民要术》一书第九节"种麻子"中就叙述了花粉在农业中的重要作用。书中写道:"既放勃,拔去雄,若未放勃去雄者,则不成子实。"就是说放掉了花粉的雄株可以拔去,如将未放出花粉的雄株拔去,因不能授粉,则不能结实而影响收成。由此可见早在一两千年前,我们的祖先对花粉在治疗疾病和农业上的功效就已有了较深刻的认识。

到了唐代,由苏敬、李勣等名医集体编著的《新修本草》亦将花粉的功效明确记入其中:"松黄甘温无毒,主润心肺,祛风止血。三月采收拂取如蒲黄,久服会轻身,疗病胜似皮、叶及脂也。"这部药典于公元659年完稿,成为世界上第一部由国家颁布的药典,比欧洲纽伦堡政府在公元1542年颁布的药典早883年。

据《山堂肆考》饮食卷二记载:在一千三百多年前唐朝女皇武则天自寻得花粉能延年益寿、健美增艳的妙方后,成为一名花粉嗜好者。她令人四方采集百花花粉,加米兑醋,密封放来秋,晾干与米共研,压制成糕,名曰"花粉糕",专供自己享用,有时也赐予群臣和侍女享用(图2-1)。也许由于花粉的作用,武则天年过八旬仍精神饱满地料理朝政。在唐朝盛世期间,不但女皇武则天带

图 2-1　宫廷侍女食用花粉

头食用花粉,使容颜不老,当时不少的文人墨客也是花粉的爱好者和受益者,如公元 847 年间,唐诗人李商隐,身患黄疸和阳痿等病,百药无效,后食花粉而愈。在《古今秘苑》一书中就收载了他盛赞玉米花粉的诗句:"标林蜀黍满山岗,穗条迎风散异香。借问健身何物好,天心摇落玉花黄。"这玉花黄就是玉米花粉。我们的祖先食用的花粉不但有人工采集的松花粉,也有蜜蜂采集的蜂花粉。唐代诗人孟郊任溧阳县尉时,就食用过蜂花粉,而且治好了他的头昏易忘症。他在一个清明时节前去济源(今河南省)时就亲眼看到蜜蜂采集花粉的过程,并在《济源寒食》中描述了蜜蜂采花粉的过程:"蜜蜂为主各磨牙,咬尽林中万木花,君家瓮瓮今应满,五色阑笼甚可夸",更有"蜜蜂辛苦踏花来,抛却黄糜一瓷碗"的诗句。这诗中的黄糜即是蜜蜂采来的黄色花粉。唐朝人王冰在其《元和纪用经》第四十六节中记载:"松花酒疗风眩头旋肿痹,皮肤顽急(疾)。松树始抽花心二升,状如鼠尾者佳,蒸细切二升,右(又)用绢囊裹,入酒五升,浸五日,空腹饮五合,再服大妙。"唐朝人孟洗在《食疗本草》中记载"花粉蜂蜜浆"是用十斤蜜先浓缩，再拌入用稀释了的蜜水封存处理后的松花粉一斤即成。"长服之，面如花色，仙方中甚贵此物。"唐代张泌的《妆楼记》及刘恂的《岭表录异》中均记述了花粉美容的有趣故事（图2-2），书中写道："晋代白州双角山下有一口美人井，凡吸饮此井水者，家中诞女多是非常俊美，其原因是在井四周山岗上松林婆娑，山花烂漫，花粉落入井中，井水浸过花粉，变成奇特的美容水，人们因喝过溶有花粉的井水产生功效，故美女颇多，但也因招致灾祸，村民只得忍痛将井填平。"由此可见，早在唐代，我们的祖先就已经广泛利用花粉于医疗、保健、食疗、滋润肌肤。

到了宋朝，花粉的应用更为广泛。寇宗奭《本草衍义》记载："蒲黄以蜜调如膏，食之，以解虚热；松黄一如蒲黄，但其味差淡，治产后壮热、头痛、颊索、口干唇焦、多烦躁渴、昏闷不爽。以松花、川芎、当归、石膏、蒲黄五物等同为末，每服二钱、水二合、红花二捻，同煎七分，去渣，粥后温温细呷。"戒昱《酒小史》中记载：苏东坡守定州时，于曲阳得松花酿酒的方法，并作《松醪赋》。松花酒的制作别具一格："松花粉两升，用绢囊果入酒五升，浸五日，每次服饮三合。"在《本草经解》中也对松花酒作了肯定："清香芳烈，宜于酿酒。"宋朝大诗人苏东坡常服花粉而受益匪浅，特作《花粉歌》："一斤松花不可少，八两蒲黄切莫炒。槐花、杏花各五钱，两斤白蜜一起捣。吃也好，浴也好，红白容颜直到老。"宋朝著名的药学家苏颂（1020—1101年）在《图经本草》中介绍蜜制蒲黄作果品甚佳。由此可见，宋朝时我们的祖先不但把花粉作药中上品医疗疾病，而且以松花粉、香蒲花粉为原料做成美食佳品享受。

元朝李杲《食物本草》一书中记载："松花味甘，温，无毒。主润心肺，益气，除风止血。亦可酿酒。"忽思慧所著《饮膳正要》一书为一部包括烹饪学在内的传统营养学专著，书中记载有"松黄汤"一道菜，并说明此汤可以补中益气和壮筋骨。其做法是：羊肉一大块，去骨，割成碎块；草果五个，回回豆半升，捣碎去皮。上述

图 2-2　美人井

三物一同下锅,加水熬成汁。再把汁过滤干净备用。把熟羊腔骨肉一并切成骰子块,与松黄二合、生姜汁半合一同下锅炒后,放进备用的肉汁中,上火见开,用葱花、食盐及醋和好味道,吃时加上点香菜末。

到了明代,花粉不但在医药和食品方面得到了进一步发展,而且开始在美容方面广为应用。明代著名的医药学家李时珍倾其毕生心血,历时二十七载写成《本草纲目》巨著,全书五十二卷于明万历年出版后,经多次再版,并译成多种外文译本,流传国外。在《本草纲目》第三十四卷中记载:"松花,甘、温、无毒。润心肺,益气,除风止血,亦可酿酒。"另记载:"松花和白糖印成糕饼,食之甚佳。"王象晋《群芳谱》一书对松花粉也有描述:"二三月间,抽穗生长,花三四寸,开时用布铺地,击取其蕊,名松黄,除风止血,治痢。和砂糖作饼甚清香,宜速食,不耐久留。"另外,元朝《普济方》中有以花粉制成的"美容方":系以红、白莲花蕊及桃花,梨花,梅花等花蕊配制的复方,专门用来治疗面黑干、粉刺、雀斑等面部皮肤病。其实我国历史上将花粉用于美容方面的记载,早在一千五百多年前的魏晋南北朝乐府民歌诗集《木兰词》中就有记载:当花木兰从军归来,脱下战时袍,换上女儿装后"当窗理云鬓,对镜帖花黄",花黄即是指花粉,明确指明用于女子的面部化妆之用。到了清朝,上至慈禧太后,下至江浙一带及云南大理各地的平民百姓,也都有食用花粉的习俗。

据清朝皇宫食谱记载,慈禧太后特别喜爱花粉,许多菜肴中都有添加花粉的记载。而在我国的江浙一带广大百姓过年的年饭中的松花糕、松花团子的上面均贴上一层松花粉,不但美观而且味美(图2-3)。清朝圣祖敕《广群芳谱》中,对松花粉饼的制作方法作了详细的描述:"松至二三月花,以杖叩其枝,则纷纷坠落,张衣绒盛之,囊负而归,调以蜜,作饼馈赠人。曰松花饼。市无鬻(音yu,意为卖)者。"王士雄著《随息居饮食谱》一书亦有记述:"花上黄粉,及时拂取,和白砂糖作糕饵,食之甚美。亦可酿酒。主养血息风,多食亦能助热。单服治泻痢,随证以汤调。"章穆《调疾饮食辨》是一部论述饮食及其药用的本草食疗专著,书中记述:

图 2-3 历代江浙民间喜食松花粉团子

"松花,取花上黄粉点茶,别是一般风味,但不能停久,和白糖作饼,稍可久留。性能润肺,亦酿酒服可疏风。取初抽嫩心,状如鼠尾者,捣碎浸酒服。治风眩头晕,肿痹皮肤顽急(疾)。"王伦《本草集要》卷四记载:"松花,拂取似蒲黄,久服轻身疗病。"吴仪洛《本草从新》记载松花粉"善掺诸痘疮伤损并湿烂不痂"。高承炳《本草图说》记述:"松花能润心肺有益气分,除风湿,止衄。"叶桂《本草经解要》卷三更详细地记述了松花粉的功效:"松花气温、味甘、无毒。主润心肺,益气、除风止血,亦可酿酒。松花气温,禀天春和之木气,入足厥阴肝经,味甘无毒,得地中正之土味,入足太阴之脾经,气味俱升阳也。其主润心肺者,饮食入胃,脾气散精,输于心肺,松花味甘益脾,气温能行,脾为胃行其津液,输于心肺,所以润心肺也。益气者,气温益肝之阳气,味甘益脾之阴气也,风气通肝,气温散干,所以除风。脾统血,味甘和脾,所以止血也。可酿酒者,清香芳烈,宜于酒也。"

及至近现代,大量药典文献中均有关于松花粉药理及功效的记载。如孙子云著《神农本草经注论》、《精编本草纲目》、《本草纲目白话全译》、《常用中草药手册》、《中药大辞典》、《中药八百种详解》、《中国医学大辞典》、现代《最新中药药理与临床应用》、《中华人民共和国药典》1985年版、《木本药用植物》、《中国民间百草良方》等均有松花粉的翔实资料,特别是《中药八百种详解》一书中,详细记载了松花粉的名称、产地、采收加工、规格性状、药材鉴别,在药材鉴别这一项中详细描述了松花粉的形态特点、大小、纹饰、贮藏保管方法、药物性能、古今应用、用法用量、使用注意以及现代研究等九大项。在"现代研究"一项中,对松花粉的主要营养成分和功效均作了科学的描述。

关于花粉传播和降落的研究也早有记载,我国书中记载的所谓"池塘开花"的现象,就是由于大量的孢子花粉降落到水面上的一种现象。

关于花粉的知识,世界其他国家也早在远古时代就有所记载,如在美国纽约的莫特洛包里凡博物馆里就陈列着公元前855—860年亚述里古国(Assyria)阿舒拉利-阿帕宫中的一幅表现人工授粉的石板画。在古罗马、希腊、中东等国家的一些史书,如《古兰经》、《圣经》、《犹太法典》中都有关于花粉作用和意义的记载。如传说中的希腊女神希格拉底,就是收集向日葵的花粉搽在脸上保持其美丽的容颜,还饮用向日葵花粉浸泡的蜜酒,以增进身体的健康。在中南美洲最古老的民族印第安人以玉米为粮食,他们不仅吃玉米的种子,连玉米的花粉也被做成富于营养的汤食用。古希腊人称花粉为神仙的饮料、青春与健康的源泉。

苏联科学院院士、著名的生物学家育欣为了探索长寿之谜,曾向 200 位长寿老人发出调查信,在收到的 150 多封信中,他惊奇地发现这些百岁以上的长寿老人,绝大部分为养蜂人家,都有每天食用花粉的习惯,因此得出花粉能使人长寿的结论。育欣院士将他的调查报告于 1945 年公开发表,当时引起全世界生物学家的重视。1955 年,他预言,在不久的将来人们会广泛地利用花粉为人类造福,在此后的几十年中,欧美的学者对花粉展开了研究和开发、应用的新高潮,形成了"花粉热"。花粉作为长寿食品,其高效丰富的营养成分和独特的保健功能逐渐为科学家所认识,其他的花粉产品也相继问世,每年以数千吨计的花粉被用于医药、保健食品及饲料添加剂工业。许多国家的花粉产品纷纷投放市场,并取得了巨大的经济效益,如日本的"内补灵"、罗马尼亚的"保灵维他"、德国的"花粉糖丸一号"。特别是瑞典史奈尔药业公司生产的"舍尼通"(前列腺特效药)是至今治疗前列腺方面具有特效的药物,它是采用高科技工艺提取油菜花粉中的 A,B,C 三个对前列腺炎、前列腺增生具有独特疗效的功效因子而制成的。随着欧美对花粉研究的深入,一大批世界名人,如美国总统里根、日本前首相田中角荣等都成为花粉的爱好者、受益者。美国的里根总统由于长期服用花粉,身体强健,容颜不老,晚年虽身受枪击,仍能迅速康复,坚持工作。1981 年 6 月《全食杂志》(Whole Food Magazine)以"总统的力量"为题揭示了里根总统维护健康的秘密。里根总统的女儿 Pattie 说:他父亲服用花粉已有 20 年历史,每天下午四点的茶点时间必须吃天然花粉。在他的冰箱中贮存着大量的天然花粉,以备随时服用。里根总统的助理 Ed. Meese 也说:总统大量服用天然花粉,使他容光焕发、充满朝气活力。枪伤后迅速恢复健康,也得益于食用天然花粉(图 2-4)。

而科学家们真正利用现代科技对花粉进行深入细微的研究,还是在 15 世纪中叶显微镜发明之后。那时科学家们才借助显微镜首次从花中亲眼观察到一个个的花粉粒,并通过观察发现不同植物花中花粉的形状大小各不相同。据记载,最早用显微镜观察

图 2-4　里根总统常吃花粉

到花粉的为生物学家 Grev(1682)和 Molpighi(1687)，此后相继有人用显微镜观察研究过大量的花粉。19 世纪初，Bauer 曾在显微镜下研究过许多植物的花粉形态，并绘制了 175 种植物的花粉图；后来穆尔也观察过不少花粉粒，并且按花粉外壁的层次和孔沟数量及位置进行了初步的花粉分类。但他们对花粉的观察和研究都仅仅是为了弄清花粉本身的构造，并没有认识到花粉在植物体上的作用及其意义。到 19 世纪中叶，英国人魏茨首先从古生代的煤中发现了化石孢子和花粉。1867 年 Sohenk 研究了上三叠纪地层中的化石孢子和花粉，自此人们对花粉的认识由对现代花粉的观察研究进入到对化石孢子花粉的观察研究阶段。1884 年 Reinsch 研究了古生代鳞木类的大孢子，并命名为三缝孢（triletes）。Bennie 和 Kidston 在 1886 年研究了一些古生代孢子。19 世纪末叶 Fruh 从白垩纪的岩石中找到了一些化石的孢子和花粉,并且可以判断出哪些是木本植物的花粉,哪些是草本植物的花粉。1888 年 Trybom 从湖底淤泥中发现若干年前松树和柏科的花粉而且保存非常完好,他认为花粉既然能多年不腐,应当可以作为标准化石。自此化石花粉才在古生物地层学上找到了它真正的用途,从而科学家认识到化石孢子花粉也是古代生物化石的一类,可用以指示地层的年代。进入 20 世纪初人们对花粉开始作系统研究。1902 年瑞典植物学家 Lagerheim 首先应用花粉研究第四纪泥炭地层,他把分析出来的大量花粉运用统计方法处理,发现不同泥炭层中花粉的数量各不相同。这种运用数量统计方法于花粉研究的方法被后人称为花粉分析。后来他的学生 Von Post 继续了他的花粉研究工作,研究了瑞典许多地方的泥炭和湖泊中的花粉,并于 1916 年出席了在挪威奥斯陆召开的北欧自然科学第十六届会议。他在会上宣读了"瑞典南部泥炭沼泽沉积的森林花粉"的论文,在他的论文中首次计算了各种花粉的百分含量,并且绘制了各种不同的孢子、花粉的代表符号和花粉图式。Post 的研究已经奠定了现代孢粉学的基础。

从 19 世纪中叶到 20 世纪初差不多半个世纪内,人们对花粉的研究兴趣由现代植物花粉形态的观察进入到对化石花粉的研究,而且广泛地用于第四纪地层之上。与此同时,对现代花粉的研究也大大向前推进了一步,已经从单纯地描述现代花粉的形态进入到对现代花粉的应用研究。如 1935 年美国花粉学家 R. Wodehouse 为了医治一种由于吸入花粉致使鼻腔严重发炎的疾病(枯草热),他观察了许多能引起枯草热病的病源花粉,并且出版了专著《花粉粒》(*Pollen Grains*),自此现代花粉的研究已经开始应用于医学方面。同时许多现代花粉学家对各类植物的花粉进行了分类研究。如瑞典孢粉学家 G. Erdtman 一生致力于现代花粉的研究,自 1943 年以后对现代花粉进行了系统的描述,并出版了花粉形态与植物分类的专著,为花粉学的研究打下了很好的基础。

解读 花粉

20世纪40年代以后，花粉的研究在地质找矿方面得到了深入的发展和广泛的应用。主要是根据在各个不同地质时代中发现的大量花粉化石的研究，来确定地层的时代，恢复古代的各种自然环境。花粉的研究进入当代，在地学领域继续深入广泛的发展。由于扫描电子显微镜在研究花粉上的应用，对现代花粉形态的认识大大向前推动了一步，在扫描电镜下看到了许多在普通光学显微镜下看不到的微细结构和纹饰，使人们对花粉形态的认识更趋近于花粉的本来面貌，而且纠正了过去的许多不正确的、粗浅的认识。人们对花粉的研究已经由外部形态的观察描述发展到研究花粉的物质构成，并且发现花粉中含有多种高营养物质，如蛋白质、各种氨基酸、各种脂肪和糖类、酶类，而且已经开始用花粉作原料广泛应用于食品工业、医药卫生等方面。所以自20世纪50年代以后，对现代花粉的研究已经进入到一个新阶段，花粉成分的研究终将进一步揭开花粉的各种奥秘，为现代花粉的应用开拓广阔的前景。目前对现代花粉的研究已经由外部形态的研究进入内部物质组成的定性研究，其应用的方面已经涉及食品、医药、农业等国民经济的各个方面。1974年R. G. Stanley和H. F. Linskens合著了《花粉》一书，书中系统地阐述了花粉的生物学和生物化学方面的问题，把对现代花粉的研究大大向前推动了一步。

当前对化石孢粉的研究也进入了一个新阶段，古生物学家不但依据化石孢粉可以确定地层时代，恢复古代自然环境，而且根据化石花粉的各种特有属性，如化石孢粉受热后发生变质程度不同而产生不同颜色的有规律变化的特性，可以应用在石油勘探上确定石油的成熟程度。又如根据化石孢粉所反映的古环境因素，可以直接反映各种沉积矿产的成矿条件等。总之，人类对花粉的认识过程大体可归纳为如下几个阶段。

(1) 古代阶段：该阶段从公元前100年开始到公元15世纪中叶显微镜发明之前。这一阶段的主要特点是世界上几个文明古国(如中国、古希腊、印度、埃及等)由于农业社会的形成,农作物种植的发展,人们只是朴素地认识到植物体上花中的各种微粒花粉的存在及其在植物上的作用和意义。由于中国在中药方面的渊源较久远(相传神农氏开始尝百草),花粉很早就被用来作为一种中药治疗疾病,这一阶段对花粉的朴素的认识,主要是由于农业的发展推动人们去观察植物体上的各个物质组成而引起的。由此可见,哪怕是最初的科学发展都是和人们的生产实践活动分不开的。

(2) 花粉形态研究阶段:该阶段自15世纪中叶显微镜问世开始至19世纪中叶。这一阶段的特点是由于显微镜的发明,人们可以借助于显微镜用肉眼直接观察大量的现代植物的花粉,并且加以记载、描述和绘图。在这一时期还未真正找到花粉的作用和意义,只是由生物学家进行了大量的花粉形态研究工作。该阶段虽然没有在花粉的应用上有大的发展,但它为花粉的应用打下了良好的基础,而且该阶段也是用现代科学方法研究花粉的开始。

(3) 化石花粉研究阶段:该阶段自19世纪中叶到20世纪初。在这一阶段里是在大量的现代花粉观察基础之上人们开始从石头中发现了大量的花粉——化石花粉。并且相继在各种不同时代的地层中都发现了大量的化石孢粉,从而使对孢子花粉的研究进入地学领域,并初步应用于地层的研究上。在这一阶段开始建立了现代孢粉学。1944年英国人 Hyde、Williams 首次提出了孢粉学(palynology)的名称,自此化石孢粉的研究在地学方面得到了广泛的应用和长足的发展,到目前为止从事孢粉研究的科学家仍然主要集中在对化石孢粉的研究方面。

(4) 现代阶段:自20世纪中期以后,孢粉学家们又逐渐开始注意对现代孢粉的研究,这一阶段的特点是对现代孢粉的研究开始由形态转向对内部物质成分的研究,从而为花粉的应用开拓了新的领域,对于花粉本质上的认识也大大向前推动了一步。

二、人类对花粉的利用

随着人们对花粉认识的深入,科学家们发现花粉在许多方面都具有重要的用途,如随着对化石花粉的发现和研究,古生物学家们利用花粉化石可以确定不同时期的地层时代,根据对不同花粉反映的不同生态环境条件可以利用花粉研究古代环境的变迁,根据花粉反映的古环境因素的综合分析可以为寻找沉积矿产资源提供重要资料,对现代花粉的研究不但可以直接用来对植物进行分类、系统演化的研究,而且对现代花粉物质成分的分析发现,许多花粉还是重要的生物资源,而这种资源至今尚未被人们完全认识。现将花粉在矿产资源和生物资源两方面的应用情况概述如下。

(一) 花粉与矿产资源

花粉和矿产(主要指各种沉积矿产)资源本身就有着十分密切的关系,如许多沉积矿产的物质组成中就有花粉参加,石油中的许多成分都是由孢粉素演变来的,许多花粉本身就是煤的组成部分,更重要的是通过对各种化石花粉所反映的各种环境因素(古地理、古气候、古植被)的研究可为寻找各种沉积矿产提供重要的资料。因为各种沉积矿产的形成无不受各种古环境因素的控制,如石油、煤本身就是由各种生物特别是植物体经过高温、高压之后热解而成的。根据李四光教授的陆相生油理论,石油的形成必须首先具备三种古环境条件:在古地理方面,必须有一个相当规模的持续沉降条件下形成的低洼地(该低洼地可以为一滨海至浅海地带,也可以为一大型内陆湖盆),而且要有迅速的搬运、堆积和埋藏的地质条件;在古气候方面,必须有一个温暖湿润的热带-亚热带气候条件,以利于生物的生活;最后必须有大量的生物繁盛,特别是各种微体生物(如硅藻、沟鞭藻、介形虫,以及各种菌藻植物和由陆地搬运来的各种孢子和花粉)的繁盛(图2-5)。根据对成油物质的最新研究认为,各种具孢粉素的植物体是重要的油母质。

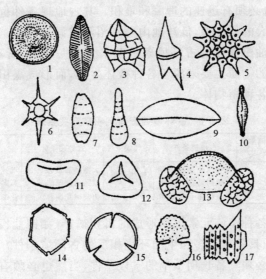

图 2-5　形成有机矿产的一些生物类群
1,2,10—硅藻类;3,4—甲藻;5—盘星藻;6—硅鞭藻;7,8—真菌类;
9—介形类;11~15—孢子花粉;16—鼓藻;17—其他植物碎片

近年来,笔者运用孢子花粉分析资料较系统地分析了我国东部几个新生代油田的生油层,发现它们大都是发育在始新世至渐新世时期。而这一时期孢粉组合的共同特点为一些典型的热带、亚热带分子含量在整个第三纪中最高。在古植被上大多反映为常绿阔叶-落叶阔叶的混交林;古气候上则表现为湿热多雨的中南亚热带气候;古地理上则多为滨海的大型湖盆,有时也有短暂的海侵。由此可见,大型湖盆的存在和湿热的气候条件以及种类繁多的孢粉植物群为石油的生成提供了良好的古地理、古气候条件的丰富的生油物质基础,所以从孢粉植物群所反映的各种古环境因素对探讨石油的生成具有十分重要的实际意义。同样,运用孢粉分析资料可以推断煤田形成的古环境条件(表2-1)。因为煤田的发生和发展过程中所要求的古气候条件同样必须是湿热多雨或者湖沼多水的环境,煤田形成的物质条件更需有大量植物繁盛,并且也必须有迅速的埋藏和堆积。其古地理条件也必须有一个规模巨大的低洼地,低洼地内要有沼泽或湖泊存在。所以煤田的形成和油田形成的古环境条件基本上是一致的,所不同的是,形成油田的物质主要来源于各种微体生物,而形成煤田的物质主要来源于各种植物体。

表 2-1　古环境因素与沉积矿产关系表

古环境条件 沉积矿产类型	古植被条件	古气候条件	古地理条件	地质条件
石油、煤	各种水生生物及陆生植物繁盛	湿热多雨	大型滨海或浅海区或三角洲湖泊	迅速埋藏及堆积,高温高压作用
石膏、岩盐、钾盐	旱生植物十分发育	干旱少雨	内陆碱化湖盆	化学作用为主

而由各种卤族元素沉积形成的沉积矿产(如钾盐、石膏、岩盐等)则必须具备差不多和生油环境相反的古环境条件。首先在古气候方面必须具备长期干旱的气候条件,当然也必须有一个相当规模的滨海、泻湖或内陆碱化湖盆,而且水体的蒸发量必须大于其补给量。因而这种沉积矿产就不必有大量的生物繁盛,在孢粉分析中往往反映为干旱植物花粉的含量占优势,而且生物种类少而单调。

在内陆干旱地区的孢粉组合中往往发育着大量的旱生、盐生植物的花粉,如中生代的本体上具肋条的各种具气囊的松柏类的花粉,麻黄科的花粉,蕨类植物的希指蕨类的孢子以及新生代的被子植物的藜科、菊科的一些花粉(图2-6)等都反映着干旱的气候环境。由于长期的气候干旱,内陆湖盆中水的蒸发量又大于湖水的自然补给量,湖水逐渐碱化,结果即从中析出大量的石膏、岩盐、钾盐等卤族元素的沉积矿产。一般说来,如果掌握了卤族元素的沉积地层中所含孢粉的类型,由此亦可以反推出什么样的孢粉类型可以形成卤族元素沉积矿产。

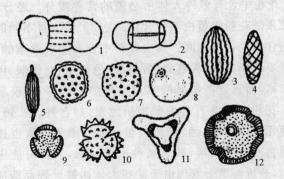

图 2-6 几种指示干旱气候的花粉

1—罗汉松多肋粉属(*Striatopodocarpites*);2—二肋粉属(*Lueckisporites*);
3—麻黄属(*Ephedra*);4—希指蕨孢属*Schizaeoisporites*);
5—百岁兰粉属(*Welwitschiapites*);6～7—藜科;8—禾本科;9—蒿属(*Artemisia*);
10—紫菀属(*Aster*);11—菊科(Compositae);12—石竹科(Caryophllaceae)

另外,各种沉积类型的铁矿则往往赋存于古地理上为海湾的区域,古气候上以湿热的氧化环境为主。所以运用对化石孢子花粉的古环境研究可以为寻找各种各样的沉积矿产提供许多重要资料。

(二) 花粉与生物资源

前面已经指出当今对花粉的研究已经由形态结构构造阶段进入对花粉内原生质成分的研究,由宏观的表面研究进入微观的分子研究。对花粉内部成分研究的结果发现,花粉内部的原生质中具有多种多样的惊人的高营养物质成分。科学家们愈来愈认识到花粉也和生物界的其他资源(如森林资源、草原资源)一样是人类生活中另一重大新资源,只是该资源至今尚未被人们完全认识罢了。

花粉之所以被科学家们称为花粉资源,而且具有极大的开发价值,其原因有三:

(1) 花粉中含有多种人体所必需的营养成分。经分析,一般由蜜蜂采来的花粉中蛋白质的含量高达35%,而且不同的花粉中蛋白质的含量也各不相同。其次花粉中含有多种氨基酸,如人体中特别需要的赖氨酸、谷氨酸、蛋氨酸、色氨酸、亮氨酸、组氨酸等均非常丰富,而且这些氨基酸多以游离的形式存在,极易为人体所吸收。花粉中还含有多种矿物质元素,如含钾、钠、钙、镁、磷、硫等常量元素以及锑、硒、锌等微量元素。微量元素也往往是人体某些器官所需的原料,缺乏某种微量元素,人则可能患某种特殊的疾病,最近医学上发现由于某些人体内缺乏锌而造成儿童发育不良则是一例。花粉中还含有各种激素和维生素,如维生素E在花粉中较丰富,而维生素E是一种抗衰老的补药。此外花粉中还含有各种酶类,如淀粉酶、脂肪酶、蛋白酶等。这些酶类物质积极参与人体的代谢活动,可以促使机体加速吸收各种营养物质。花粉中还含有多种酸类、色素、碳水化合物、固醇、芦丁、抗菌素等众多的生物活性物质。花粉中如上众多的营养成分和人工合成的营养药品有着本质的区别,因为天然花粉是一种活性物质,极易为人体消化和吸收,所以科学家们称花粉为全营养物质。

(2) 花粉具有医疗保健作用。据对许多服用花粉的患者进行临床观察发现,花粉不仅可以治疗多种疾病,而且具有益寿延年的作用。如洋槐(*Robinia pseudoacacia*)的花粉是健胃剂、镇静剂。罗勒(*Ocimum basilicum*)的花粉是肠胃功能的刺激剂,它的枝叶可以治疗过敏性鼻炎。油菜(*Brassica campestris*)的花粉可以治疗静脉曲张。野玫瑰(*Rosa globulus*)有利尿功能,对肾结石也有治疗功效,而且花粉中含有少量的芸香苷,对毛细血管具有保护作用。橙树(*Citrus sinensis*)包括柑橘类的花粉,具有强壮身体、健胃、驱虫之效,此外还是一种对神经有作用的极好的镇静剂,具有镇定安神的作用。苹果(*Malus pumila*)的花粉营养价值高,而且营养种类丰富多样,有人称之为十全大补剂;苹果花粉还有预防心肌梗塞的作用。荞麦(*Fagopyrum esculentum*)的花粉是最宝贵的花粉之一,花粉中芸香苷的含量很高,芸香苷对心血管疾病有很好的防护作用,它可以阻止流血和出血,减少血液凝固所需要的时间,增强心脏的收缩。椴树($Tilia$)的花粉也具有很高的营养价值和镇静作用。从上述种种治疗保健作用可以看出花粉对人类健康的重要作用,所以对花粉资源的研究和开发在增进人类身体健康、提高人类生活水平方面具有重要意义。

(3) 花粉资源十分丰富。花粉资源的开发和利用不像其他资源开发那样必须大量投资。因为花粉资源是取之不尽用之不竭的财富,植物界中的裸子植物和被子植物每年都产生大量的花粉,它们的个体虽然很小(一般约 $20\sim100\ \mu m$),但产量却很大。如一棵玉米每年平均可产 5000 万粒花粉,一株大麻可产 5 亿粒花粉,一株桦树可产 1 亿粒花粉,一株松树可产 3 亿粒花粉。每当春天松树开花时,松树的花粉可以飘落在松林地上盖满地皮,形成一层薄薄的黄色花粉粒的盖层。由花粉的产量之大,植物种类之多,可以想见每年可以产生花粉的数量是非常惊人的。而且花粉年复一年地产生着,所以花粉资源是取之不尽的。另外花粉的收集非常简便,不需要昂贵的设备,可以利用养蜂的方法由蜜蜂采收花粉或直接用花粉收集器采收。

由于花粉资源丰富,具有营养和医疗保健多方面的功能,近年来广大实业界人士纷纷投入对花粉资源的开发和利用的潮流之中,以花粉为原料广泛应用于食品工业、营养保健、医药卫生、护肤美容、化妆等许多方面。

我国是一个花粉资源十分丰富的国家,花粉资源在不久的将来定将有更大的开发和广泛的应用。

(三) 花粉在其他方面的应用

花粉除了在上述两个方面的应用之外,随着对花粉的种特性认识的深入,花粉在其他方面还有广泛的应用,如花粉研究在农业上已经用于预测预报农作物的收成。由于一定的植物产生一定数量的花粉,在空气中也能收集到各种不同农作物的花粉。正常年份这些花粉在一定面积(种植作物的面积)上总有一定数量为人们收集到,如若某一年份在同样大小的面积收集到的花粉数量突然增加或减少,即预示着农作物的丰收或欠收。科学家们利用这一原理每年定期在空气中收集各种农作物的花粉,并分别统计其数量,进行鉴定分析即可对农业的收成提出科学的预测和预报。

另外花粉在医学上可以防治各种花粉过敏症。植物界有少数花粉被人体接触之后,可能引起各种过敏症,如皮肤过敏症、呼吸道过敏症等(图2-7)。对这种花粉症的预防和治疗只要用引起过敏性疾病的花粉制成花粉浸液进行脱敏治疗,即能收到疗效。另外人们可利用花粉在空气中出现的规律性的认识用于侦查破案上。因为空气中大量花粉的出现,往往和某些植物大量开花有关。如北京每年3～4月份大量的杨柳树开花,此时空气中则充满了杨柳的花粉,而到8～9月份由于北京许多草本植物开花,则空气中又充满了大量的草本植物的花粉。所以空气中花粉在一

图 2-7 花粉致敏

年四季中大量出现的规律性与各植物的不同开花期是密切相关的,根据花粉在空中传播的这一特点,公安人员可以借助花粉进行案例分析,分析作案的时间、地点。目前国外都开始利用花粉作为公安人员破案的一种手段。

另外花粉研究还广泛地用于考古学、植物分类学等许多学科。可以想见,随着人们对花粉特性认识的日益深入,人类对花粉的利用就会更加广泛。

上述花粉的利用主要是指对现代花粉的利用。关于对化石孢子和花粉在地质学上的利用已经有几十年甚至上百年的历史,而且至今孢粉学的主要内容仍然是化石的孢子和花粉,但随着对现代花粉研究的日益深入,对现代花粉的开发和利用将是孢粉学发展的一个新方向。

第三章 专家、权威论花粉

近年来世界各国的花粉专家、营养学家以及医学方面的专家权威都在深入研究花粉对人类的营养保健作用、花粉的药理及功效的奥秘。

苏联科学院老年研究所对高加索地区一百多位百岁老人调查发现,这些老年人大部分是养蜂者,而且都有喝蜂渣茶的习惯,从而揭开了他们长寿百岁的秘诀。罗马尼亚运动医学家提出:"运动员食用花粉后能迅速恢复体力和提高竞技力",自此,花粉食品又成了体育界的宠儿。美、日、俄罗斯、芬兰等一些国家的运动员,如田径、足球、橄榄球运动员服用花粉后,背肌有力,肺活量增加,能很快消除疲劳,从而大大提高了他们竞赛的成绩。由于花粉的营养作用大,营养价值高,近年来花粉也成为宇航员宇航食品中的必需原料之一。

自从法国医生雪旺发表了"食疗医用花粉"一文后,便引起了医学界的极大兴趣和重视,进一步将花粉用于医疗方面。实践证明花粉还对某些疾病具有明显的疗效,甚至成为某些疑难疾病的特效药。瑞典大学医院泌尿科医生研究认为,花粉对慢性前列腺炎有非常明显的疗效,服用短时间内症状得到改善,有效率达80%。保加利亚索菲亚医院,用花粉治疗脑动脉硬化症,服用十天后,病情好转,一个月后,症状基本消失;给高血脂症服用花粉,每日三次,每次一匙,连服20天后,血清胆固醇、游离脂肪酸、甘油三酯含量均有明显的下降。法国巴黎防痨院给营养缺乏症和身体虚弱的患儿服用花粉,1～2个月后,红血球数量增加了25%～30%,血红蛋白含量平均增加15%。

近十年来,我国的营养学家、医学专家对花粉在医疗方面的研究结果表明,它在对人体的消化系统疾病、心脑血管疾病、肝脏疾病、泌尿系统疾病、神经系统疾病、呼吸系统疾病、抗衰老、防癌抗癌及在美容等方面均有十分明显的医疗功效。下面就让我们直接引用国内外花粉学家、营养学家、医学专家、权威们对花粉在人类营养保健、医疗康复方面的证言吧!

一、中国专家、权威论花粉

我国著名的医药学家、已故中国科学院院士叶桔泉教授多次撰文高度评价花粉的功效,他认为:"花粉是一种营养最全面的食疗佳品,具有强体力、增精神、迅速消除疲劳、美容、抗衰老的作用。"他呼吁:"我们要在花粉学方面迎头赶上,认真研究,继承和发扬先辈的光荣传统;我国养蜂事业日渐发达,花粉资源丰富,应当及时开发、充分利用,以便为人民健康,为社会主义现代化建设服务。"他在1984年"花粉讲习班"上题词:"花粉的研究是一门生命科学,它是植物的遗传工程、繁殖细胞的生命之源,对花粉的营养和抗衰老作用的活性物质的探索将窥测大自然的奥秘。"这一精辟的论断,必将对我们深入开展花粉资源的开发利用和研究起到推动作用。

我国著名的营养学家、前国家领导人陈云同志的夫人于若木,早在20世纪70年代就大力倡导对花粉资源的研究、开发和利用,并多次在各种学术会议上阐述花粉的营养成分、花粉的营养保健作用及花粉的多种功效。她在1997年北京大学召开的"花粉高营养面"的新闻发布会上欣然执笔题词:"建立我国花粉食品基地,造福我国人民"。2001年她亲自为《松花粉与人类健康》一书作序,在该书的序言中指出:"我们的祖先应用花粉已有几千年的历史,其药食兼用的功能在历代文献中有大量翔实的记载。过去我国着重开发和应用虫媒花粉,而风媒花粉作为新的花粉资源尚待大力开发。马尾松花粉是风媒花粉中应用最早的花粉,其资源极其丰富。在挖掘历史遗产的同时,近几年来,人们采用现代化的先进测试手段,分析松花粉的营养成分,研究其生理、生化功能，进行系统的动物试验，为花粉的疗效提供了可靠的科学根据。花粉产品之所以受到信任和普遍欢迎，是因为它符合近代医学和营养学的发展方向，是一种天然的营养食品。人体所需要的种种营养素它都具备，如多种氨基酸、碳水化合物、维生素以及核酸、酶等生物活性物质，而且各种营养素之间的比例合适，是全价平衡食品。花粉的可贵之处还在于它含有多种维生素和微量元素，虽然是以毫克甚至微克计，但具有极其重要的功能，是人类保健食品中的佼佼者，成为当之无愧的微型营养库。"

台湾著名的花粉学家王台虎博士长期致力于花粉的研究，对花粉有着独到的见解，在他的专著《认识花粉》一书中，他是这样评价花粉的："花粉是百花的精华，也是蜂王乳的原料，其未经蜜蜂吞食，自然形成，所以原有的营养成分能够完整保存，且其中所含的各种天然元素均较蜂王乳高，甚至高出数倍之多，可说是目前人类在地球上所能找到具有最高价值的天然食品。花粉亦可说是一种活性维他命，无任何添加物，较一般市售维他命或营养品更益于人体吸收，是强健身体、治疗疾病、美容保健的最佳选择。"

王台虎博士在他著的另一本书《花粉的功效》的前言中指出："世界各地的科学家们对花粉作了那么多的研究，证明了这种小小的颗粒竟有那么大的魔力，在作为食品、补品和药品上都有神奇而成功的效果；全世界都已经广泛地了解和接受，花粉是一种比蜜和蜂王乳更好的健康食品和药品。"他对花粉的功效全面地概括如下："花粉的营养比例均衡完美，活性成分易于人体的消化和吸收，花粉能增强身体的免疫力，是维持健康的最佳营养补助品。"

我国著名的孢粉学家王开发教授长期从事孢子和花粉的研究，早在1983年他和笔者共同编著出版了我国第一本孢粉学的教科书——《孢粉学概论》。该书首次提出孢粉学在农业和医学方面的应用，为花粉在营养、保健、医疗方面的应用奠定了基础。

接着我们再次合作共同编写了《应用孢粉学》一书,书中对花粉的营养价值与花粉食品作了详细系统的介绍,并对蒲公英、虞美人、苹果等16种花粉的功效作了详细介绍,为研究花粉的医疗保健作用的机理提供了理论基础。王开发教授在他的《花粉营养价值与食疗》一书中指出:"一种新的食物资源——植物花粉作为营养食品正在日益引起人们的重视。在欧洲花粉被称为完全营养食品(perfect food)。花粉食品正风靡各国,在苏联、法国、日本、西德、美国、保加利亚、澳大利亚等地备受欢迎。""随着对花粉的深入研究,花粉食品的大量开发,花粉必将成为人类的一种新型理想的天然营养品,一种很有潜力的食物资源,长期以来被人们忽视的大量营养精华,定会为人类食品锦上添花。"王开发教授认为,我国花粉资源极其丰富,花粉的营养全面且具有多种疗效,而且我国花粉的应用领域宽广,花粉产品有较大的发展,花粉开发利用前景广阔。

我国著名的松花粉研究专家朱德俊研究员,长期从事松树及松花粉的研究开发工作。对马尾松及其花粉进行了全面深入的研究。认为马尾松花粉不但可以食用,而且还是中药之中的上品。早在两千多年前的《神农本草经》中就有关于松花粉的记载。朱教授对马尾松树的开花传粉规律进行了详细观察后还发现,马尾松树花期非常短暂,每年只有3~4天,因是风媒花,一旦错过开花期,大量松花粉即随风飘逝,很难采到,这就大大限制了人们对马尾松花粉的采集利用。朱教授和他的同事们因掌握了马尾松的开花传粉规律才突破了对马尾松花粉的采集技术。他总结马尾松花粉有如下几个特点:一是纯天然。因马尾松树多生于高海拔的山区,无污染。二是高活性。因为花粉成熟之后即很快进行采收,确保了每粒花粉的鲜活性,增加了马尾松花粉的营养保健作用。三是含有长寿因子。因为马尾松是世界上最长寿的树种之一,它的花粉中也就必然含有长寿因子。四是营养全面均衡。马尾松花粉中含有十大类二百多种营养成分,它能全面均衡地补充人体所需要的营养物质。五是安全有效。马尾松花粉经国家相关部门的安全试验,无任何毒副作用而且功效明显。

中国农业科学院蜜蜂研究所研究员徐景耀先生是我国蜂产品研究方面的专家,特别是对蜂花粉作了长期深入的科学研究。他的代表作《蜜蜂花粉研究与利用》一书对花粉的营养保健医疗作用,作了详细的科学的论证:从花粉的临床应用到花粉的贮存、保鲜技术,从花粉产品的设计到生产工艺流程均有全面系统的论述。书中集中了十多位专家多年的科学研究成果,内容十分丰富。

笔者多年从事孢子和花粉的教学和研究工作,除上述同王开发教授合作出版的两本专著外,1992年又单独出版了《花粉·环境·人类》一书,对花粉作了进一步的阐述。指出:"花粉是种子植物体上的雄性生殖细胞,它是植物赖以繁衍后代的'精子',是植物体中最精华之所在,因而被花粉营养学家们誉为当代世界的营养之冠,是21世纪人类重要的新型营养源。在小小的花粉粒中不但包藏着生命的遗传信息,而且也包含着孕育新生命的全部营养物质,而且能百分之百地为人体消化吸收。花粉已经作为一种新的生物资源正在被开发利用,天然花粉在近十几年来已经成为世界上流行最广的保健食品的重要原料。"对于中国重要花粉资源植物及花粉,该书系统地记述了我国几十种具开发前景的植物的生态习性、花粉形态以及该植物今后可开发利用的意义,从而为今后进一步研究自然界中的花粉资源提供了重要的科学资料。

20世纪90年代初,笔者同蜂疗专家、医学家联合倡导开展蜂医学研究,把对花粉的研究应用到人类的保健、医疗领域。笔者认为,花粉堪称为"三全"营养源,即"全天然、全营养、全吸收"的自然界中最理想的、新型的天然营养源。

二、国外专家、权威论花粉

对花粉本质的认识最早源于显微镜发明之后,首先用显微镜看到花粉的是19世纪初叶的波尔。他研究过许多植物的花粉形状,并亲手绘制了175种植物花粉图谱。而花粉分析的奠基人为瑞典花粉学家Von Post。他于1916年出席在挪威奥斯陆举行的北欧自然科学第十六届学术会议上作了"瑞典泥炭中森林花粉"的报告,报告中计算了各种花粉的百分含量,并绘制了孢粉图表及花粉符号。这篇论文至今仍为科学家们所引用。1935年美国花粉医学专家R. Wodehouse编著出版了世界上第一本花粉变态反应方面的专著——《花粉粒》,书中详细介绍了导致花粉过敏的各种致敏花粉。该书认为在美国,花粉致敏源为豚草的花粉。1950年瑞典人Costa Carlsson发明了最早的花粉脱粉器——网板。将网板罩在蜂箱上,当蜜蜂由野外带来花粉团通过罩在蜂箱上的网板之后,则把蜜蜂身上携带的花粉自然脱落下来,人类从此可以收集到蜜蜂采集的大量花粉。随后,Carlsson先生为了收集由风传播的花粉,经过潜心研究,他又发明了"花粉收获者",即后来史奈尔药业公司使用的"花粉收获机"。自此,人们不但可以大量采收到由蜜蜂采集的蜂花粉,也可以采收到风媒花产生的花粉,这就为大量开发利用花粉奠定了物质基础。瑞典史奈尔药业公司率先对各种花粉进行大量的研究,不但发现了花粉所包含的许多营养成分,也发现了对各种疾病具有明显疗效的药物分子。该公司的科学家们发明的第一个治疗泌尿系统疾病的特效药舍尼通(cernilton),行销世界各国三十年不衰,从而引起各国的花粉学家、营养学家以及医药专家的极大关注。经欧美的科学家们对花粉进行长期的深入研究之后,发现花粉的确是人类最理想的新型营养源,是营养保健的物质基础,是多种疾病治疗过程中行之有效的药物成分,是人类青春与健康的源泉。

据《圣经》、《提摩太经》和《可兰经》的记述，在古希腊、古罗马、中东地区、俄罗斯、斯拉夫民族等，人们都认为花粉是保持健康和青春的源泉。

William Hedgepth博士认为花粉可以使人返老还童，因为它含有减缓老化的活性物质，所以，花粉是人类青春的源泉。罗马尼亚养蜂协会的专家发表论文，认为花粉的好处实在太广，几乎可以用在任何一方面，甚至可以使人体制造需要的荷尔蒙。

美国最著名的营养学家、世界保健学会权威Paavo Airola博士认为："花粉是自然界最完美、含养分最丰富的食品，它不但能增强人体抵抗各种疾病的能力，而且能加速任何疾病愈后的复原能力。花粉也有倒退生命时钟的功能。总之，花粉是一种奇妙的食品、神奇的药品和青春的源泉。"

83岁的世界重量级拳王，在1981年纽约马拉松赛跑中成为最早到达终点的最年老的人。他告诉人们其奥秘便是："常服用花粉作为我日常摄取营养计划的最重要的一环，我相信可以从花粉中得到足够的营养来支持我跑完马拉松比赛和做其他的激烈运动而毫无影响。毫无疑问，花粉是至今人类所能发现的最完美的食物。"

美国前国家健康联合院主任、马塞诸塞州埃伦斯公司董事会董事长V. E. Irons，在87岁高龄时，竟育有5岁、10岁、12岁三个子女。他认为，花粉是人类所有的营养最丰富的食物，如果它不变质，也未加过热，其提供的营养足够人体所需。

Bernard C. Jensen博士被誉为健康食品界的圣人，著有《自然疗法》(*Natural Has a Remedy*)一书。书中指出："花粉可以促进人体的腺体功能，所有的动物试验都证明了花粉能延年益寿，因为它能使人体的腺体永远处于良好状态。"Betty Lee Morales博士为公认的健康权威，他指出："花粉是惟一能含有维持人体健康所需的所有重要营养物的食物。"这个事实，是经过许多化学家分析所证明的，各国的传媒也竞相报导过。

著名的营养学家 Carlson Wade 认为："只有一个办法可以得到全部营养，获得真正健康，那就是吃花粉。花粉含有人体所需要的最基本的 22 种成分，如酶类、荷尔蒙、维生素、氨基酸和其他物质，除了花粉再没有其他东西含有这么多养分，它对疾病的治愈功效，使人回复青春及增强抵抗力，实在令人难以相信，但全都是事实。老化、消化不良、前列腺疾病、喉头炎、粉刺、疲劳、性机能障碍、过敏等症，都可以用花粉治好。"

英国科学家、世界著名的营养学家 G. J. Binding 博士说："花粉是一种最好、最完美的食物，也是一种伟大的杀菌剂，在花粉中细菌无法生存，花粉对健康的好处一次又一次地被事实所证明。有人认为蜜与蜂王乳是了不起的好食物，花粉却又比它们好更多，它不但供给身体能量使人强壮，同时也增强人对疾病的抵抗力，从任何一个角度来看，花粉都是最好最完美的食品。"

R. Lunden 在他所著的《花粉的化学报告》一书中指出："要想仿制一种和花粉完全一样的食品是不可能的，因为至今花粉中仍有许多未为人知的成分，而不可知的这部分却是相当重要的。"

Henri Luzny 博士在他所著的《花粉——最新的化妆品学》一书中告诉人们："花粉含有已知的所有的维生素 B 群和所有水溶性的维生素，也含有维生素 A,D 和 E。蜜蜂有本能从大自然中采集最好的花粉，因此蜂巢中的花粉不仅维生素含量丰富，也含有很多的抗生素。"

C. Samuel West 博士，著名的化学家和淋巴专家，坚定地认为："我相信花粉是人类在地球上所能找到的最完美的营养健康食品，它含有经大自然计算调配好的维生素、矿物质、氨基酸、酶类和激素，它的钾含量大于钠含量，可以帮助平衡细胞内的矿物质，增加血球蛋白的含量，进而能抵抗疾病的侵害。"

法国巴黎农学院教授 Alain Callais 博士在他的专著《花粉》一书中这样写道："毫无疑问，花粉是世界上营养成分最丰富的食品，它含有的许多重要成分是动物生命形成所必需的，但没有一种动物含有这么多的成分,它所含的氨基酸成分是同等重量的牛肉、牛奶、蛋、豆类、乳酪的 5～7 倍,每天吃 1/4 盎司(1 盎司=28.3496 g)的花粉可以维持身体的健康,每天吃 5/4 盎司的花粉,可以供给发育和成长的需要,儿童用量可减至 1/3。"Callais 博士在总结食用花粉后人的总的状态时,得出如下结论:"一个人总的状态显然是各种器官和各种功能的特殊状态的结合,我们已经讲过了花粉对它们中的一些器官和功能具有很好的作用。所以真诚的实验工作者对这个问题的看法都是一致的。食用花粉对人体总的状态具有良好的作用。"

Chauvin 和 Lenormand 两位博士在他们发现花粉的四种主要作用后写道:"花粉如同一种补药,它能使初食者很快恢复体重和精力。""我可以补充一句,食用花粉还能使人精神愉快,使人有心情舒畅、丰富和心满意足的感觉。它能够增进活力、增强事业心、使人乐观,这对于人在生活中获得成功是很有用的,它能够像魔术一样消除疲劳。根本不需要用大量的花粉就可以达到以上效果。使用强化疗效量(每天 32 g)一般就足以在两个星期后使身体情况有显著改善,通常只使用少量的花粉就够了。"

法国国家科学研究中心主任 Mme Aschenasy Leru 曾比较花粉中和其他动物肉类中所含之氨基酸,结果在任何一方面都证明花粉较好,花粉中含有丰富的游离氨基酸,而这些氨基酸可以随着血液流入脑部的膜上,使人提高记忆力,增加智商,对儿童发育中的脑细胞形成有很大的助益。

SarKar 博士等于 1943 年和 Kulken 博士等于 1951 年均发现花粉中含有人体中所发现的 21 种氨基酸,这些氨基酸有些是人体可以自行制造的,有些是要靠向外界摄取而来的,奇妙的是这许多蛋白质的成分竟然都是来自这纯天然植物的产品——花粉。"

美国加州大学农学院戴维斯农业研究所 W. H. Grigge 博士发现,花粉中含有约 25% 的蛋白质物质,其中大部分是氨基酸,人类共发现 23 种氨基酸（至今已发现 28 种氨基酸），却可以在一种花粉中找到最少 20 种，没有任何其他的东西所含的氨基酸比花粉中更齐全。这许多种氨基酸在人体中各有不同的功能，吸收必须完全，其中的某几项可以结合起来形成某种蛋白质；若是人体摄取蛋白质和氨基酸不均衡，少了一项，吸收来的其他氨基酸也就派不上用场，造成浪费，这个定理我们称做"利比最小定律"（Liebig's minimum law），这个定律也适用于人体所需要的其他营养成分，如维生素、荷尔蒙、酶类、矿物质、油脂和碳水化合物，如果人体摄取的养分很完全，则人体运用起来才迅速和有效。

Caryn Starr 博士说："花粉含有最丰富的维他命、矿物质、氨基酸、荷尔蒙、酸类和油脂，甚至还含有抗生素和生长素，它是一种最完善的食物，至今尚未见到对花粉有负面的报导，它是惊人的能量来源，能使人体产生新的力量，消除疲劳，并能使一个人的体力发挥到极致。"俄罗斯科学家 P. G. Trubetskoi 博士曾报导：花粉中含有最多的水溶性维生素 B 群、烟酸、泛酸、抗坏血酸，同时也含有大量的类胡萝卜素，xanophills 和胡萝卜素，甚至还含有很多的维生素 E。

苏联最著名的老人病专家 Nikita Mankovsky 教授和 D. G. Chebotorev 教授认为人体的细胞可以返老还童，就是借助吸收足够量的复合维生素、微量元素、酶类和氨基酸去重组细胞，而上述的各种营养物质都存在于花粉之中，所以吃花粉可以使人的老化现象减缓（图 3-1）。

苏联农业部 1946 年报导："花粉中含有的芸香苷（rutin）是使人类毛细血管软化的最主要因子，同时花粉中又含有 RNA、DNA、天然叶绿素、果酸、亚麻酸等。它们是人体健康美丽不能缺少的元素。"

美国最著名的大学——哈佛大学营养学教授 Jean Mayer 博士说："当人体摄取的维生素超过人体本身的需要时，多余的维生素就不再发挥正常维生素的作用，如维生素会与蛋白质结合形成

图 3-1 花粉抗衰老

一种叫做 Apoenzymes 的酶,意即多余的维生素不再像维生素在人体中的作用,而是有点像药品的功能,讨论到最后,结果又如何呢? 应当多吃花粉来解决这个问题。毕竟上天在花粉中早以最适合的比例,替我们把维生素、矿物质等营养成分配合好了,供人食用。"

Harry McCarthy 博士在他编著的《花粉使你返老还童》一书中说:"花粉含有大量的营养成分,能使运动员的成绩进步,而且绝对安全,无副作用,运动界的超级巨星都食用花粉。"

Steve Ridick 曾是世界上跑得最快的人。运动员如果只知道大量运动,而不保养身体,成绩会跌落,也更容易衰老。他从1974年开始吃花粉,两个月以后他感觉起步强有力,耐力、速度均增强。

英国奥林匹克竞赛教练 Tom McNab 说:"花粉是今日对运动员最有效的营养食品。"

英国著名的营养学家 Neil Lyall 博士说:"运动界和娱乐界的超级巨星都服用花粉,否则他们也不会成为超级巨星。"

美国费城"教育运动营"首席教练兼执行主任认为:"花粉的功效完美,可使一些超级运动员增强25%的能力,这一点增进就是花粉的神秘能力,因为花粉可以减少运动员的状况起伏,持续维持高峰状态。而花粉最宝贵的地方是它来自大自然,完全没有副作用。"

F. Roy Kept 在他著的《花粉使运动员更好》一书中说:"大学的运动主任们在编定训练计划时,都使用花粉,以增加营养和效果,英国的运动界甚至有报导,服用花粉后能增强能力达40%~50%。"

历史上最伟大的拳击家 Muhammad Ali 在《Midnight Globe》杂志上宣称:"花粉供应他额外的精力。"

苏联奥林匹克教练 Remi Korchemsky 曾在美国纽约普拉特学院以花粉对运动员做试验,发现花粉对运动后的消除疲劳,有惊人的效力。美国圣约翰大学田径队教练给他的队员服用花粉四个月后,发现成绩有惊人的进步,学校当局也提供经费,长期供应花粉给运动员。芬兰田径队教练 Antti Lananaki 给他的运动员服用花粉,研究显示,花粉能使运动员的成绩进步,同时从未发现任何负面影响。

英国著名的花粉研究家 Maurice Hanssen 博士说:"我视花粉为运动员最理想的食品,因为它能把作用发挥得淋漓尽致,长期食用花粉也没副作用。人的身体在不停地新陈代谢,例如,蛋白质在体内通常可维持 80 天的活力,但看在哪个部位,如在心脏、肝脏中约 10 天,而在骨骼、肌肉和皮肤中约可维持 158 天。花粉的微量元素含量也很丰富,可补充因大量运动而失去的成分。"

太空医学专家 James Y. P. Chen 博士、L. C. Chu 博士发现吃花粉的人,通常对其他食物的摄取要减少 15%~20%。希腊健康局 Stephen Blauer 认为花粉可减少人对蛋白质的需求,借此原理可以控制体重,同时花粉中含有约 15% 的蛋黄素,可帮助消化掉体内过多的脂肪。

美国辛辛纳提 WKRP 电视台明星 Loni Anderson 说:"我吃花粉和维持适量的运动,可保持美貌、自然和健康。"瑞典皮肤专家 Lar-Erik Essen 博士说:"花粉中含有高浓缩的 RNA、DNA,并含有很多的氨基酸及活性维生素,这些成分能强化肝脏的解毒作用,使人的皮肤光泽饱满有弹性,消除皱纹及体内产生毒素的病症,如青春痘、粉刺、汗斑等自然消失。"

法国巴黎科学家 Louvean 博士及 E. L. Mand 博士说:"花粉可以改变皮肤的年龄,防止老化,消除皱纹,使皮肤洁白。"

以上我们向大家介绍的国外的花粉学家、营养学家们对花粉特性的共同认识是:花粉是自然界中营养成分最齐全、保健作用最明显的均衡完美的天然保健品,常吃花粉一定能全方位地提高人体的综合免疫功能,预防多种疾病,使人体魄康健、精力充沛、乐观向上,最终成为一个健康长寿的人。然而花粉的作用远远不止于此,它不但具有全方位的保健作用,而且在医学方面具有多方面的医疗功效,下面就让我们看看花粉在医疗方面的功效吧。

世界著名的肿瘤专家 Ernest Contreras 博士说:"对癌症的自然疗法中,丰富而正常的营养愈来愈重要了,依本人所知,没有比花粉更营养的食物了，如果能正确使用，通常可以获得预期的结果，以这种天然的无副作用的药物来治疗癌症，可有较好的辅助疗效。"

英国的自然治疗学家 Gordon Latto 博士，曾用自制的含花粉的蜜治疗患有枯草热（一种过敏病）的病人，结果十分惊人：第一年发病率显著减少，第二年完全没有再犯。

哈瓦那医药学院的 Kimer McCully 博士认为：动脉硬化的原因，是缺乏维生素 B_6，同时因为由含 methionine 的氨基酸分解所产生的一种有毒物质（homocystein）增加之故。维生素 B_6 借着酶的帮助，会把 homocystein 毒素分解成无毒的 cystothionine。而含 methionine 的氨基酸不可避免地每天都会被人摄食，因此相应地，人应尽量食用维生素 B_6 高的食品，而少食用含 methionine 的食品。如香蕉中 B_6 和 methionine 的含量比例是 40∶1，胡萝卜中是 15∶1，而花粉中的比例是 400∶1，由此可以证明花粉对防止动脉硬化有极佳的效果。

德国和瑞典泌尿系统联合会研究组成员 Alken Jonesson 博士报导，172 个以花粉治疗前列腺疾病成功的病历证明，完全不必以外科手术的方法治疗。另根据花粉学家们的研究：如果摄取足够量的花粉，则可以避免食物、水、空气和环境中的毒素侵害身体，包括一氧化碳、笑气、铅、汞、DDT、锶-90、镉、放射性碘-131、一些药品和 X 射线，因为花粉能降低这些东西的毒害。

奥地利维也纳大学 Peter Nernuss 博士发现，花粉能降低血液中的一些毁灭性物质，如 oxoloncetic, transaminase, malated-hydrogenase，而能使血液中的红血球增加达 23％之多，因此证明花粉能治愈贫血病。

L. J. Hayes 报导，花粉能治好内分泌腺肿大的病症。癌症专家 Sigmund Schimidt 博士告诉人们："多吃花粉，因花粉中会有许多可以抵抗癌症的重要成分。"美国佛罗里达州 William Noyes 博士研究证明："用花粉治疗各种慢性病、并发症等，结果良好。"

解读**花粉**

法国巴黎养蜂协会 Remy Chauvin，法国儿童保健学会 Edouard Lenor Mand，奥地利维也纳科尼伯医院 Rudolf Frye，巴黎传染病预防中心 Prrin、Eefromon、C. Louveaux、J. Vergo 七位博士通过不同的研究途经对花粉作为药物的研究结果如下：将花粉中的抗生素提取出来，并维持其活性，很多的细菌一遇到花粉提取精立刻死亡，尤其是一些较难控制的病源菌，如沙门氏菌、大肠菌等。科学家认为花粉可以调整和控制肠内的情况。花粉成功地医好胃肠胀气、慢性便秘和痢疾，也提供严重病后恢复健康的生长素，如肠炎、带血及带粘液的痢疾、不寻常的体重增加、急性风湿关节炎（由淋巴液分泌减少引起）、肾炎、肝炎、贫血（花粉会增加30％的红血球和15％的白血球）、腹腔炎等，花粉都可促使迅速复原。

上述专家、权威对花粉的营养保健作用和对各种疾病的医疗功效的高度评价，是建立在对花粉深入的研究、深刻的认识的理论基础和大量临床观察的实践基础之上的。人类本来就是在同大自然长期斗争中发展起来的，人体本身就已经具备了一套抗击各种疾病的能力（即人的免疫器官），所以有时得病也可以不治自愈。但是进入现代文明社会之后，由于医药的发达，人体的抗病能力也随之衰退，加之外界环境的污染、各种有毒物质的侵害及不科学的生活习惯，造成了人体营养失衡，使得人类已经成为世界上最衰弱的动物。为改变人体衰弱多病的亚健康状态，科学家们经过近百年的努力，从自然界发现了能使人类健身强体的天然营养源，百花之精华——花粉。据研究，花粉孕育着新生命的全部营养物质，是当代世界的营养之冠。它又是蜜蜂为蜂王制造的高营养食物——蜂王浆的原料，花粉由蜜蜂采来又未经过蜜蜂吞食，所以其原有的营养成分完全保存其中。花粉所含的各种天然营养成分均较蜂王浆为高，甚至有的高出数倍之多。可以说花粉是目前人类在地球上所能找到的最具有营养价值的天然食品，其功效足以增进已经衰退的人体的自然抵抗能力。

近三十年来,花粉逐渐受到医学界、生物化学界的重视,科学家们发现花粉中含有自然界中所有的维生素、几十种矿物质、上百种花粉酶以及具有明显疗效的抗生素、生长素、黄酮类、不饱和脂肪酸、丰富的核酸等。总之,在花粉中已发现了十三大类近三百多种营养成分和功效因子,因而它不像一般食品仅仅只含有几种营养成分。

所以,若坚持服用花粉,就可以摄取人体所需要的各种营养,就可以增强人体对各种病毒的抵抗力。将花粉用于防病治病,在观念上,必须把花粉当做自然界天生的营养健康食品,也就是说,花粉不会像一般药物那样具有急效性,花粉正像牛奶、蜂蜜一样,要天天冲泡饮用,服用一段时间后才能强身治病,显出功效,而花粉的治疗效果是长期的、稳定的,不像一般药物那样显效快,失效也快。因此,服用花粉要经过一个完整的治疗过程,花粉作为治病用最好以更长一点的时期为一个疗程,只有这样,才能明显地看出效果来。反之,如果你今天服用了花粉就企图明天看到效果,那是绝对不可能的,而且会失去对花粉的信心。一般情况下,花粉并不是针对疾病的各种症状直接加以治疗,而是在于增强人体的自然抵抗力,加强身体活力和精力来和疾病作斗争。这才是花粉对疾病的真正治愈力。

第四章 花粉的营养保健作用及功效[①]

花粉作为植物的精华,几乎包含了自然界的全部营养物质和人体需要的所有营养素(图 4-1)。到目前为止,科学家们从花粉中发现了十三大类近三百种营养源物质。这几百种营养成分都具有各种不同的营养保健作用,同时,它们之间还存在着完善而均衡的配比,这就确保了花粉对人体不但具有完全而均衡的营养保健作用,而且对人体绝大多数器官系统的疾病有着明显而奇特的功效。

图 4-1 花粉是微型营养库

[①] 本章表 4-1～4-25 均引自:王开发.花粉的功能与应用.北京:化学工业出版社,2004。

一、花粉的有效成分

(一) 花粉中的氨基酸、蛋白质类

蛋白质(protein)是六大营养素之首,是生命的物质基础,是机体生长发育过程中构成新组织的原料。人体干重的50%是蛋白质。

花粉中蛋白质的含量也十分丰富,一般蛋白质含量约占花粉总量的7%～40%。不同种类的花粉,蛋白质的含量各不相同(表4-1)。

表 4-1　几种花粉的蛋白质含量(g/100 g)

花 粉 种 名	蛋 白 质	研 究 者
日本柳杉(Cryptemeia jopnica)	5.89	Mizuno(1958 年)
玉米(Zea mays)	20.32	Todd 和 Bretherick(1942 年)
玉米(Zea mays)	28.30	Anderson 和 Kulp(1922 年)
宽叶香蒲(Typha catifolinua)	18.80	Watanabe 等人(1951 年)
苏比那纳松(Pinus sibiniana)	11.36	Todd 和 Bretherick(1942 年)
海藻(Phoenik dactylifea)	35.50	Todd 和 Bretherick(1942 年)
钻天杨(Populus migra var ztal)	36.50	Todd 和 Bretherick(1942 年)
苏铁(Cycas revoluta)	32.90～37.80	Standifer(1967 年)

氨基酸(amino acid)是蛋白质分解的产物,是组成蛋白质的基本单位。氨基酸有二十余种,花粉中就含有组氨酸、亮氨酸、苏氨酸、色氨酸、胱氨酸、蛋氨酸、苯丙氨酸、精氨酸、异亮氨酸、赖氨酸、缬氨酸、甘氨酸、酪氨酸、丙氨酸、谷氨酸、脯氨酸、天冬酰胺等18种,以精氨酸、赖氨酸、亮氨酸、脯氨酸、谷氨酸、天冬氨酸含量较高,而色氨酸、胱氨酸、蛋氨酸含量较少。在花粉中还含有相当数量的以游离状态存在的氨基酸,如:赖氨酸、甘氨酸、丙氨酸等(表4-2)。

表 4-2　几种花粉测出的游离氨基酸含量(mg/100 g)

氨基酸名称	花粉种名					
	无羽豚草 (Ambrosia aptera)	穗状一枝黄花 (Sotidago spicinosa)	长叶车前 (Ptantago lacedata)	阿勒顿松树 (Pinus halepensis)	刺松 (Pinus ceninata)	狗菜根 (Cydodom daetycou)
丙氨酸	16.0	4.8	T	8.9	18.0	30.0
精氨酸	19.1	1.5	1.5	10.2	1.7	36.5
谷氨酸	0	0	T	T	2.7	25.4
甘氨酸	5.7	0.9	4.1	5.2	8.7	25.4
组氨酸	18.0		0	3.9	0	7.3
赖氨酸	0	T	10.0	11.9	3.6	17.3
苯丙氨酸	0	0.7	0	T	0.7	3.7
缬氨酸	2.6	2.9	T	5.3	11.5	20.3
天冬氨酸	T	3.2	T	10.2	1.7	17.7
亮氨酸/异亮氨酸	4.8	3.1	T	6.7	13.5	34.9

注:T 为微量。

据王开发教授等于 1999 年对我国 35 种蜜源植物花粉的测试,共发现 17 种氨基酸,它们为异亮氨酸、亮氨酸、酪氨酸、苯丙氨酸、赖氨酸、组氨酸、精氨酸、天冬氨酸、苏氨酸、甘氨酸、丝氨酸、缬氨酸、丙氨酸、脯氨酸、蛋氨酸、半胱氨酸、谷氨酸等(表 4-3)。

表 4-3　我国蜜源花粉氨基酸总量测试(g/100 g)

氨基酸名称\花粉名称	山里红	紫云英	柳树	黄瓜	苹果	沙梨	飞龙掌血	木豆	板栗	蜡烛果	荞麦	胡枝子
天冬氨酸	1.304	2.96	1.268	2.302	2.56	2.466	1.973	2.114	1.773	2.126	1.703	2.76
苏氨酸	0.513	1.137	0.493	0.795	1.09	0.926	0.705	0.936	0.765	0.886	0.644	1.097
丝氨酸	0.543	1.025	0.455	0.744	1.398	0.946	0.736	0.92	0.744	0.911	0.587	1.077
谷氨酸	1.569	3.334	1.602	2.615	3.062	2.664	2.076	2.517	2.468	2.354	3.351	3.105
甘氨酸	0.81	1.337	0.626	1.031	1.63	1.062	0.81	1.031	0.985	1.031	0.741	1.26
丙氨酸	0.851	1.507	0.693	1.118	1.558	1.288	0.948	1.337	1.094	1.239	0.996	1.543
缬氨酸	0.718	1.56	0.747	1.135	1.261	1.209	0.879	1.326	1.077	1.135	0.93	1.524
半胱氨酸	0.016	0.016	0.016	0.016	0.05	0.016	0.016	0.016	0.016	0.016	0.016	0.016
蛋氨酸	0.325	0.112	0.145	0.481	1.124	0.515	0.19	0.369	0.403	0.213	0.09	0.492
异亮氨酸	0.673	1.403	0.63	0.973	1.081	1.031	0.859	1.131	0.93	1.002	0.802	1.288
亮氨酸	0.984	2.119	0.939	1.499	1.785	1.62	1.211	1.756	1.453	1.574	1.181	1.983
酪氨酸	0.477	0.61	0.451	0.742	0.611	0.742	0.557	0.822	0.663	0.663	0.477	0.902
苯丙氨酸	0.608	1.343	0.512	0.895	1.135	0.991	0.739	1.151	0.895	0.959	0.703	1.215
赖氨酸	1.123	1.936	0.834	1.412	1.875	1.573	1.198	1.54	1.166	1.401	0.481	1.476
组氨酸	0.706	0.642	0.369	0.514	0.573	0.546	0.417	0.53	0.466	0.482	0.369	0.642
精氨酸	0.621	1.384	0.734	1.186	1.158	1.102	0.904	1.158	0.989	2.542	0.65	1.328
脯氨酸	2.003	3.28	1.312	1.036	2.373	1.934	2.279	4.696	1.727	3.039	0.691	4.627
总和	13.844	25.703	11.835	18.494	22.75	20.703	16.493	25.982	17.64	21.57	14.412	26.335

（续表）

花粉名称 氨基酸名称	香薷	蒲公英	色树	玉米	泡桐	盐肤木	乌桕	椴树	茶花	芝麻	野菊	芸芥
天冬氨酸	2.067	1.503	2.466	2.38	1.174	2.208	2.079	1.515	2.349	2.173	2.466	2.372
苏氨酸	0.795	0.631	1.067	0.83	0.523	0.956	0.785	0.664	1.057	0.916	1.157	1.178
丝氨酸	0.771	0.689	1.165	1.01	0.543	1.025	0.893	0.744	1.13	1.007	1.323	1.209
谷氨酸	2.419	1.634	2.909	2.08	1.667	2.811	2.305	1.807	3.154	2.418	3.22	2.991
甘氨酸	0.947	1.008	1.191	0.83	0.642	1.069	0.962	0.771	1.222	1.069	1.298	1.337
丙氨酸	1.179	1.134	1.30	1.15	0.656	1.227	1.081	0.887	1.494	1.377	1.531	1.47
缬氨酸	1.135	0.879	1.282	1.11	0.791	1.209	0.974	0.784	1.34	1.069	1.348	1.282
半胱氨酸	0.16	0.021	0.016	0.16	0.032	0.016	0.016	0.016	0.016	0.016	0.016	0.016
蛋氨酸	0.425	0.075	0.504	0.39	0.291	0.28	0.336	0.078	0.056	0.47	0.224	0.515
异亮氨酸	1.002	0.821	1.131	0.80	0.716	1.045	0.93	0.716	1.202	0.916	1.202	1.159
亮氨酸	1.499	1.251	1.726	1.38	0.999	1.59	1.453	1.105	1.817	1.438	1.892	1.741
酪氨酸	0.689	0.495	0.849	0.69	0.593	0.742	0.663	0.477	0.53	0.716	0.61	0.742
苯丙氨酸	0.895	0.682	1.087	0.86	0.544	1.247	0.959	0.703	1.151	0.863	1.215	0.742
赖氨酸	0.899	1.697	1.605	1.14	0.963	1.701	1.155	0.984	1.701	1.401	1.84	1.087
组氨酸	0.706	0.749	0.546	0.36	0.353	0.482	0.466	0.385	0.69	0.514	0.772	0.722
精氨酸	0.847	0.64	1.667	1.12	1.243	1.045	0.847	0.847	1.158	1.215	1.186	0.546
脯氨酸	0.829	1.934	2.279	2.29	0.967	4.213	1.105	2.141	2.831	2.831	2.762	1.243
总和	17.12	15.843	22.79	18.57	12.687	22.866	19.232	14.664	22.898	20.419	24.012	22.751

花粉名称 氨基酸名称	油菜	荆条	蚕豆	田菁	黑松	胡桃	瓜类	烟草	沙棘	向日葵	罂粟花
天冬氨酸	2.184	1.337	2.209	2.913	1.127	2.419	3.218	3.03	2.455	3.183	2.56
苏氨酸	0.966	0.51	0.884	1.047	0.443	1.067	0.986	0.986	0.916	0.976	0.946
丝氨酸	0.911	0.431	0.843	0.893	0.412	1.051	0.972	0.963	0.850	0.928	0.893
谷氨酸	2.618	1.479	2.397	2.909	1.716	2.828	2.991	3.024	2.893	2.844	2.811
甘氨酸	1.222	0.757	1.087	1.436	0.603	1.214	1.184	1.23	1.146	1.23	1.123
丙氨酸	1.737	0.781	1.259	1.75	0.668	1.361	1.422	1.409	1.349	1.446	1.3
缬氨酸	1.289	0.792	1.339	1.699	0.694	1.362	1.406	1.406	1.269	1.399	1.297
半胱氨酸	0.016	0.049	0.065	0.016	0.016	0.016	0.016	0.016	0.016	0.016	0.016
蛋氨酸	0.56	0.05	0.416	0.694	0.034	0.112	0.134	0.571	0.537	0.392	0.112
异亮氨酸	1.202	0.714	1.169	1.517	0.587	1.231	1.245	1.231	1.116	1.245	1.159
亮氨酸	1.696	1.012	1.631	2.24	0.863	1.832	1.832	1.832	1.665	1.832	1.696
酪氨酸	0.882	0.398	0.788	1.343	0.239	0.583	0.61	0.822	0.796	0.822	0.557
苯丙氨酸	1.023	0.519	0.996	1.061	0.48	1.119	1.151	1.151	1.087	1.151	1.055
赖氨酸	1.776	1.009	1.309	1.776	0.877	1.861	1.605	1.605	1.583	1.68	1.573
组氨酸	0.546	0.652	0.496	0.642	0.289	0.594	0.61	0.658	0.546	0.674	0.642
精氨酸	1.13	0.525	1.100	1.497	1.073	1.243	1.328	1.328	1.158	1.328	1.073
脯氨酸	1.934	0.937	4.552	2.762	0.829	2.762	1.312	2.072	2.97	1.312	2.072
总和	21.692	11.932	22.54	26.195	10.93	22.655	22.022	23.334	22.349	22.458	20.885

从表 4-3 中可以看出所列 35 种花粉中氨基酸总量的含量范围为 10.93~26.335 g/100 g。其中以脯氨酸、赖氨酸、精氨酸、亮氨酸、异亮氨酸、天冬氨酸、谷氨酸七种氨基酸含量较多；以酪氨酸、组氨酸、半胱氨酸等含量较少。胡枝子、田菁、木豆、野菊、向日葵、胡桃、沙棘、茶花等花粉中氨基酸总量较丰富；柳树、黑松、泡桐、荆条、山里红、蒲公英、荞麦等花粉中氨基酸总量较少。我国花粉中的游离氨基酸以脯氨酸为最丰富(表 4-4)。以荞麦、苹果、沙梨、油菜、乌桕、盐肤木中必需氨基酸总量较多，而荆条、香薷、玉米、木豆花粉中必需氨基酸的总量较少。

表 4-4 我国蜜源花粉游离氨基酸含量(mg/100 g)

花粉名称	亮氨酸	赖氨酸	苏氨酸	缬氨酸	苯丙氨酸	蛋氨酸	色氨酸	异亮氨酸	脯氨酸	必需氨基酸总量
山里红	6.03	3.71	6.74	7.12	19.02	2.73	8.14	5.54	333.17	59.03
紫云英	7.78	3.22	4.76	7.12	23.40	5.12	9.99	5.96	391.20	66.99
柳树	6.71	5.07	3.97	6.90	17.80	4.44	5.56	5.32	242.00	55.77
黄瓜	16.04	3.09	7.14	16.18	43.64	13.65	17.60	12.14	116.42	113.44
苹果	14.98	2.35	5.16	15.32	56.80	13.30	23.16	12.66	299.85	143.63
沙梨	11.6	2.84	6.15	9.28	45.84	13.13	17.05	8.73	256.90	114.62
飞龙掌血	2.72	2.32	0	3.45	11.95	3.92	4.63	3.94	232.05	32.84
木豆	2.24	2.60	4.96	5.43	16.82	3.07	2.41	3.73	480.00	41.26
板栗	7.00	1.98	2.98	9.38	21.21	2.22	5.56	5.75	315.44	56.08
蜡烛果	3.11	1.73	1.59	3.78	10.97	14.34	3.71	2.13	360.50	41.35
荞麦	30.34	5.69	10.91	28.26	61.19	5.46	83.93	21.72	159.10	247.50
胡枝子	3.89	1.98	2.18	4.42	12.19	7.51	9.08	2.13	456.94	43.38
香薷	3.01	1.61	0	2.05	8.53	0	3.90	1.38	99.39	20.48
蒲公英	9.14	2.35	3.17	7.87	26.57	7.33	5.0	5.96	340.23	67.39
色树	8.95	3.09	5.55	4.85	87.79	3.92	6.40	3.83	102.57	74.50
玉米	3.60	1.61	1.98	3.56	10.48	6.35	4.26	2.02	280.01	33.86
泡桐	5.49	3.71	3.34	3.50	17.31	7.68	5.56	0.64	101.63	47.23
盐肤木	5.25	4.58	3.37	4.31	51.68	7.68	7.60	4.47	266.35	88.94
乌桕	9.63	3.83	6.55	4.96	44.86	7.68	7.78	5.64	55.40	90.93
椴树	4.38	2.47	3.17	3.45	19.02	6.48	3.52	6.07	325.68	50.01
芝麻	4.96	1.61	3.77	4.42	14.63	5.29	3.89	3.51	275.33	42.64
茶花	7.78	3.09	5.95	4.53	31.45	13.82	7.97	6.71	329.43	81.30
野菊	3.60	2.23	3.17	16.93	20.97	8.70	5.93	2.88	353.95	64.41
芸芥	3.89	4.08	2.98	3.99	16.58	6.48	4.62	2.88	233.78	45.14
油菜	14.29	4.08	5.75	13.59	38.52	8.70	9.26	10.33	226.67	104.52
荆条	0.47	0.44	0	0.54	0.90	0	0.30	0.27	16.29	2.92

花粉中氨基酸的含量比鸡蛋、牛奶高出 5～7 倍,所以花粉是氨基酸的浓缩体,是人类宝贵的营养源。

(二) 碳水化合物(糖类)

碳水化合物(carbohydrates)是由碳、氢、氧三种元素组成的一类化合物,亦称糖类。根据其分子的结构,糖类又分为单糖、双糖和多糖。糖类是构成机体的重要物质,它参与多种生命活动。花粉中的糖类物质占花粉干重的 1/3。在花粉中既含有单糖,如葡萄糖、果糖、半乳糖、核糖、脱氧核糖;也含有双糖,如蔗糖、麦芽糖、乳糖等;在花粉中还含有众多的多糖,如淀粉、糊精、纤维素、半纤维素、果胶质等。

花粉中糖类总含量为 16～48 g/100 g,花粉中的淀粉含量因植物的种类不同而异,如玉米花粉含淀粉量高达 36.59 g/100 g,而黑松花粉只含有 2.6 g/100 g。表 4-5 中列出了 7 种花粉中糖类物质的含量。在 7 种花粉中总糖量以杜鹃花科为最高(42.4 g/100 g),十字花科最低(22.4 g/100 g);花粉中的半纤维素、纤维素含量以毛茛属最高(15.94 g/100 g),山毛榉属为最低(3.76 g/100 g)。

表 4-5　花粉中糖类物质分析结果(g/100 g 干物质)

科属品种＼含量＼糖类	葡萄糖	果糖	总糖	半纤维素	纤维素
槭属	11.8	14.2	27.1	4.0	0.60
柳兰	8.5	20.6	36.3	9.5	0.64
十字花科	3.5	16.6	22.4	3.8	0.76
杜鹃花科	17.2	24.8	42.4	9.5	0.18
山毛榉属	6.0	17.1	26.8	3.5	0.26
毛茛属	15.9	18.6	35.7	15.2	0.74
白三叶草	6.5	21.2	28.5	5.0	0.48
平均值	8.9±0.40	19.0±1.04	31.3±3.81	7.2±0.23	0.52±0.10

据日本花粉学家上野实朗先生研究,在松科、柏科、杉科三个科的裸子植物中有 11 种植物花粉均含有果糖、蔗糖、葡萄糖、桦

子糖和水苏糖。Watanabe 等人报导了宽叶香蒲花粉中 97% 的可溶性糖是由葡萄糖、果糖、鼠李糖、阿拉伯糖和木糖组成,其他 3% 则由麦芽三糖、异麦芽糖、黑面霉糖、松二糖和亮氨酸糖等构成。Melemus 研究了 6 种植物花粉的糖类含量,果糖在南瓜和宽叶香蒲花粉中含量最高,黑松花粉中最低;葡萄糖含量以宽叶香蒲和卷丹百合花粉为最高,黑松花粉最低;而蔗糖却是黑松花粉含量最高,宽叶香蒲花粉含量最低。

王开发教授等对我国 35 种蜜源植物花粉的糖类研究表明(表 4-6),还原糖含量以向日葵、山里红、黄瓜、荞麦、泡桐、茶花较

表 4-6 我国蜜源花粉糖类含量(g/100 g)

花粉名称	还原糖	蔗糖	花粉名称	还原糖	蔗糖	花粉名称	还原糖	蔗糖
山里红	36.88	4.68	香薷	30.31	4.68	油菜	23.75	3.46
紫云英	27.58	3.00	蒲公英	25.94	4.80	荆条	32.19	2.34
柳树	29.38	5.40	色树	30.63	4.44	蚕豆	27.50	2.04
黄瓜	32.81	4.08	玉米	30.94	3.60	田菁	22.19	2.12
苹果	16.50	3.19	泡桐	31.25	3.60	黑松	17.20	4.36
沙梨	24.06	2.52	盐肤木	27.50	4.08	胡桃	28.10	3.43
飞龙掌血	25.94	3.12	乌桕	24.69	4.20	瓜类	26.25	2.88
木豆	21.25	2.84	椴树	32.00	2.88	烟草	30.63	1.98
板栗	27.50	4.20	芝麻	22.19	2.46	沙棘	28.13	2.94
蜡烛果	27.50	3.60	茶花	32.81	3.72	向日葵	46.88	3.96
荞麦	31.50	3.44	野菊	25.94	3.36	罂粟花	33.75	2.70
胡枝子	17.19	2.98	芸芥	21.88	3.96			

注:山里红(*Crataegus pinnatifida*),紫云英(*Astragalus sinicus*),柳树(*Salix*),黄瓜(*Cucumis sativus*),苹果(*Malus pumila*),沙梨(*Pyrus pyrifolia*),飞龙掌血(*Toddalia asiatica*),木豆(*Cajanus cajan*),板栗(*Castanea mollissima*),蜡烛果(*Aegiceras corniculatum*),荞麦(*Fagopyrum esculentum*),胡枝子(*Lespedeza bicolor*),香薷(*Elsholtzia ciliata*),蒲公英(*Taraxacum mongolicum*),色树(*Acer mono*),玉米(*Zea mays*),泡桐(*Paulownia fortunei*),盐肤木(*Rhus chinensis*),乌桕(*Sapium sebiferum*),椴树(*Tilia tuan*),芝麻(*Sesamum orientale*),茶花(*Camellia sinensis*),野菊(*Chrysanthemum indicum*),芸芥(*Eruca sativa*),油菜(*Brassica campestris*),荆条(*Vitex negunda*),蚕豆(*Vicia fada*),田菁(*Sesbania cannabina*),黑松(*Pinus thunbergii*),胡桃(*Juglans*),瓜类(*Melon*),烟草(*Tobacco*),沙棘(*Hippophae rhamnoides*),向日葵(*Helianthus annuus*),罂粟花(*Papaver somniferum*)。

高，而含量较低的为胡枝子、苹果和芸芥。蔗糖含量则以柳树、山里红、板栗、香薷、蒲公英较高，而以烟草、荆条、沙梨、木豆等较低。

花粉中的多糖以淀粉含量最高。如玉米花粉中淀粉的含量竟高达 22.4 g/100 g，其次为香蒲的花粉。所以在印度香蒲花粉可以制作面包。而在黑松的花粉中淀粉仅含 2.6 g/100 g，百合花粉淀粉含量为 1.4～3.6 g/100 g。

花粉多糖中有一种特殊的多糖体——胼胝质，它是包围花粉四个母细胞的一层外膜，而在成熟的单粒花粉中的胼胝质多集中分布在花粉的内壁中(图 4-2)，胼胝质是一种无定形的无色的物质，它是由 β-D-葡萄糖吡喃基构成的 β-(1→3)D-葡聚糖，它在花粉多糖中具有多种生物活性和很强的增强免疫作用及防治多种疾病的作用，是我们今后应当研究的重点。

Mangin 最早在南瓜的花粉母细胞中发现胼胝质，以后 Currier 在成熟的花粉中也发现了胼胝质。G. Brylass 在研究裸子植物的花粉时，发现胼胝质在花粉的原叶细胞周围呈现很薄的一层，大多集中在内壁中。Martens 和 Watorkeyn 研究了 10 种被子植物的花粉壁，在欧洲赤松花粉中发现其内壁可能含有纤维素，但主要是由不同于果胶质和脂类物质的胼胝质组成(图 4-3)。在花粉中还发现了半纤维素和果胶质，它们多存在于花粉的内壁中。不论半纤维素还是果胶质中都含有非常丰富的高分子多糖，如木葡聚糖、阿拉伯木聚糖、β-D-葡聚糖、半乳糖、阿拉伯糖、鼠李糖等，上述多糖均具有很强的生物活性和价值很高的营养保健作用及明显的医疗功效。我国对花粉多糖的研究刚刚起步，对多糖类的深入研究将会在营养保健及医学领域发挥其独有的作用。

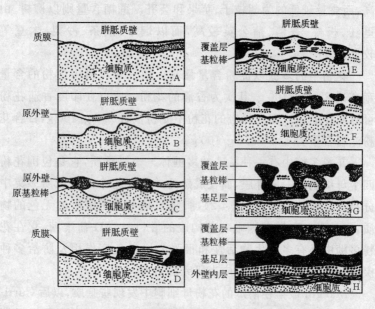

图 4-2 花粉中的胼胝质壁(引自 Echlin, 1968)

外壁内层下方为内壁

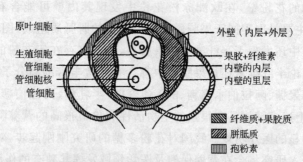

图 4-3 欧洲赤松花粉中的胼胝质构成(引自王开发,2004)

(三) 花粉中的维生素类

花粉中的维生素(vitamin)不但含量丰富,而且种类齐全,是天然维生素的浓缩物,是花粉中最重要的营养成分之一。维生素,即维持生命的元素。它是生命所必需,但自身又不能制造,故在人类食物中是不可缺少的一种物质。维生素只有通过食物才能获得,但含量却甚少(只占食物的十万分之几),然而它却又是维持生命不可少的要素。

营养学中通常把维生素类分为水溶性维生素和脂溶性维生素两大类。水溶性维生素包括维生素 C(抗坏血酸)、维生素 B_1(硫胺素)、维生素 B_2(核黄素)、维生素 PP(烟酸)、叶酸、维生素 B_{12}、维生素 B_6、生物素(维生素 H)、泛酸等。脂溶性维生素包括维生素 A、维生素 D、维生素 E 和维生素 K。花粉中的维生素既含有全部的脂溶性维生素,也含有众多的水溶性维生素,如维生素 B_1、维生素 B_2、维生素 B_6、维生素 B_{12}、烟酸、泛酸、叶酸、胆酸、肌醇等。

(1) 维生素 A:根据王开发等研究(1997 年《营养学报》)表明,我国维生素含量丰富的花粉有苹果、蜡烛果、蒲公英,含量较少的有紫云英、黄瓜、向日葵、板栗、乌桕、芝麻、野菊花等花粉,含量较低者有荞麦、木豆、飞龙掌血、盐肤木和黑松等的花粉(表4-7)。

(2) 维生素 C:维生素 C 为无色结晶体,它广泛存在于绿叶蔬菜、柑橘等水果之中,在花粉中维生素 C 的含量也十分丰富。对 35 种国产花粉中维生素 C 的含量测定结果为:含量在 70 mg/100 g 以上者为泡桐、盐肤木、芝麻、芸芥,含量在 30~70 mg/100 g 者为木豆、油菜、向日葵、沙梨、野菊花粉,含量较低者为山里红、柳树、蜡烛果、紫云英等花粉(表 4-8)。

表 4-7　我国常见花粉中维生素 A 的含量（IU/100 g）

名　称	含　量	名　称	含　量	名　称	含　量
山里红	33 230	香薷	31 385	油菜	32 770
紫云英	60 000	蒲公英	83 075	荆条	66 343
柳树	33 230	色树	34 615	蚕豆	16 587
黄瓜	50 770	玉米	29 540	田菁	34 612
苹果	92 310	泡桐	21 176	黑松	5 050
沙梨	73 945	盐肤木	18 460	胡桃	31 587
飞龙掌血	1 895	乌桕	60 000	瓜类	38 770
木豆	17 540	椴树	38 310	烟草	64 165
板栗	55 840	芝麻	50 310	沙棘	24 000
蜡烛果	83 075	茶花	50 770	向日葵	55 385
荞麦	14 770	野菊	54 925	罂粟花	39 230
胡枝子	39 230	芸芥	26 770		

表 4-8　我国常见花粉中维生素 C 的含量（mg/100 g）

名　称	含　量	名　称	含　量	名　称	含　量
山里红	3.00	香薷	12.50	油菜	41.00
紫云英	10.05	蒲公英	16.00	荆条	21.35
柳树	9.00	色树	72.50	蚕豆	41.75
黄瓜	25.00	玉米	52.00	田菁	17.50
苹果	19.50	泡桐	78.80	黑松	9.00
沙梨	35.50	盐肤木	75.00	胡桃	23.50
飞龙掌血	18.00	乌桕	23.50	瓜类	34.00
木豆	43.50	椴树	27.50	烟草	51.00
板栗	15.00	芝麻	83.50	沙棘	37.00
蜡烛果	3.50	茶花	67.50	向日葵	41.50
荞麦	52.00	野菊	38.00	罂粟花	37.00
胡枝子	15.00	芸芥	80.00		

（3）维生素 B_1（硫胺素）：维生素 B_1 是脱羧辅酶的主要成分，为机体充分利用碳水化合物所需要，它广泛分布于动、植物界，以多种形式存在于食品中。据厄尔·维维诺等人研究，北美新鲜花粉中的维生素 B_1 含量如下：黄菊、翠菊混合花粉维生素 B_1 含

1.03 mg/100 g,蒲公英、梨、苹果混合花粉含 1.08 mg/100 g,梨、苹果混合花粉含 0.63 mg/100 g,三叶草花粉含 0.93 mg/100 g。H.约伊里什研究了下列花粉的维生素 B_1 含量:苹果花粉含 1 mg/100 g,白芷花粉含 1.20 mg/100 g,荞麦花粉含 1.3 mg/100 g,锦鸡儿花粉含 1.5 mg/100 g。我国紫云英花粉维生素 B_1 含量为 14.8 mg/100 g,垂柳为 9.2 mg/100 g,油菜为 9.0 mg/100 g,刺槐为 7.4 mg/100 g,芝麻为 6.3 mg/100 g,乌桕为 6.1 mg/100 g,向日葵为 6.0 mg/100 g;维生素 B_1 含量少的:蒲公英为 1.08 mg/100 g,南瓜为 2.15 mg/100 g,杏花为 0.629 mg/100 g,盐肤木为 0.338 mg/100 g,泡桐为 0.13 mg/100 g。

(4) 维生素 B_2(核黄素):维生素 B_2 是脱氧酶的主要成分,是活细胞氧化作用所必需的物质。它水溶性差,呈黄色的结晶体。据王开发教授研究,我国几种蜜源植物花粉的维生素 B_2 的含量为:紫云英 11.3 mg/100 g,芝麻 6.8 mg/100 g,西瓜 2.5 mg/100 g,乌桕 2.7 mg/100 g,南瓜 2.5 mg/100 g,苹果 1.8 mg/100 g,刺槐 1.67 mg/100 g,油菜 1.6 mg/100 g,而垂柳则为 0.09 mg/100 g,杏花 0.53 mg/100 g,盐肤木 0.84 mg/100 g,含量均较少。

(5) 烟酸(维生素 B_5):烟酸在人体内可转变为尼克酰胺,尼克酰胺是辅酶Ⅰ和辅酶Ⅱ的组成部分,是细胞内呼吸作用所必需的物质。我国的蜜源植物花粉中含烟酸的主要花粉为芥菜、桃花、玫瑰、紫云英、草木樨、刺槐、乌桕、盐肤木、杏花、泡桐、西瓜、向日葵、党参、野菊花等。

(6) 维生素 B_6:维生素 B_6 是生物生长期间离不开的一种维生素。它与蛋白质、脂肪和糖代谢关系密切。我国对维生素 B_6 的研究尚不多见。

(7) 生物素(维生素 B_7):维生素 B_7 是羧化酶系的辅酶。Nelsson 研究的几种瑞典花粉中维生素 B_7 的含量为:玉米花粉 0.050~0.055 mg/100 g,桤木 0.065~0.067 mg/100 g,赤杨 0.065~0.069 mg/100 g,山松 0.062~0.076 mg/100 g。

(8) 叶酸(维生素 B_9)：它是一碳基团转移酶素的辅酶。德国的韦安德研究如下几种花粉的维生素 B_9 的含量为：蒲公英 0.68 mg/100 g，红三叶 0.64 mg/100 g，禾草 0.63 mg/100 g，马栗 0.57 mg/100 g，芜菁 0.50 mg/100 g，苹果 0.39 mg/100 g，毛茛 0.37 mg/100 g，山楂 0.34 mg/100 g。我国的蒲公英花粉中维生素 B_9 的含量为 0.68 mg/100 g，苹果为 0.39 mg/100 g。

(9) 肌醇(亦属维生素 B 族)：肌醇是动物和微生物的生长因子。Nelsson 测得如下几种花粉中肌醇的含量为：玉米 3.0 g/100 g，椴木 0.23～0.3 g/100 g，赤杨 0.35 g/100 g，山松 0.9 g/100 g。

(10) 维生素 E(亦称生育酚)：维生素 E 因其对生殖能力的显著作用而又得名为生育酚。随着对维生素 E 研究的深入，发现它有很强的抗氧化作用和防衰老作用，因而成为维生素家族中的又一名佼佼者。我国花粉中维生素 E 的含量变化很大，其中含量最高的为蜡烛果，而最少者为黑松(表 4-9)。

表 4-9 我国常见花粉中维生素 E 的含量 (mg/100 g)

名 称	含量	名 称	含量	名 称	含量
山里红	593.00	香薷	247.00	油菜	642.50
紫云英	861.50	蒲公英	473.00	荆条	97.25
柳树	861.50	色树	282.50	蚕豆	62.50
黄瓜	769.50	玉米	332.00	田菁	59.75
苹果	1002.50	泡桐	141.20	黑松	22.75
沙梨	635.50	盐肤木	121.50	胡桃	63.88
飞龙掌血	305.00	乌桕	353.00	瓜类	591.20
木豆	296.50	椴树	501.50	烟草	960.00
板栗	776.50	芝麻	84.50	沙棘	395.30
蜡烛果	1256.50	茶花	233.00	向日葵	762.40
荞麦	279.50	野菊	319.00	罂粟花	833.00
胡枝子	614.00	芸芥	260.00		

(11) 维生素 P(亦称芸香苷、芦丁)：芸香苷由 Augusle Webb 于 1842 年首先从芸香花粉中发现。它能分解为以下两种物质：一种为葡萄糖，另一种是受酵母或大量无机酸影响而变化的物

质。在芸香花粉中芸香苷的含量为 17 mg/100 g,日本槐花花粉含 25 mg/100 g,而在荞麦花粉中芸香苷含量最高。

(12) 维生素 D:维生素 D 又称阳光维生素,只要在白天晒 30 分钟的太阳,身体就能获得足够的维生素 D。在一般食物中维生素 D 的含量较少,但在香菇中却含有十分丰富的维生素 D,因为香菇能充分接受紫外线的照射。我国花粉中维生素 D 的含量为:油菜 0.345 mg/100 g,苹果 0.2 mg/100 g,桃花 0.038 mg/100 g,紫云英 1.54 mg/100 g,草木樨 0.366 mg/100 g,猕猴桃 0.52 mg/100 g,泡桐 0.366 mg/100 g,党参 0.656 mg/100 g。

(13) 维生素 K:维生素 K 为脂溶性维生素,它又可分为维生素 K_1、维生素 K_2 和维生素 K_3。我国花粉中含维生素 K 的有油菜、苹果、草木樨、刺槐、金橘、猕猴桃、泡桐、党参、野菊、蒲公英。

(四) 花粉中的常量和微量元素(矿物质)

在人体所有元素中,除碳(C)、氢(H)、氧(O)、氮(N)四种元素主要以有机化合物的形式存在外,其他自然界的各种元素,不论含量多少统称矿物质(minerals,又叫无机盐)元素。矿物质是结晶的、均匀的无机化学物质,它们来自土壤。植物又从土壤中获得矿物质并贮存于根、茎、叶等之中。动物可以由食用植物而获得矿物质。所以人体内的矿物质一部分来自作为食物的动、植物组织,一部分来自水、食盐和食品添加剂。矿物质又和有机营养素不同,它既不可能在人体内合成,除排泄外也不能在体内代谢过程中消失。矿物质元素因在体内的含量不同,可以分为常量元素和微量元素两大类。钙(Ca)、磷(P)、硫(S)、钾(K)、钠(Na)、氯(Cl)和镁(Mg)这七种元素的含量均在 0.01% 以上,每天需要量在 100 mg 以上,称之为常量元素或大量元素;低于此数的其他元素则称为微量元素或痕量元素。

花粉中不仅含有丰富的有机营养成分,而且也含有种类繁多的对机体起着重要作用的常量元素和微量元素(表 4-10)。

表 4-10 我国蜜源花粉矿物元素含量（mg/100 g）

花粉名称	钙	钠	磷	镁	硅	铁	铜	铝	钴	锌	钡	锰
山里红	200	50	285.29	20	160	80	4	80	0.4	3.79	1.71	2
紫云英	500	80	80	30	40	20	1	20	0.4	3.70	1.0	6
油菜	200	30	200	64	20	40	5	16	0.4	1.63	—	16
柳树	30	20	500	10	30	20	4	4	0.4	—	—	4
黄瓜	100	5	—	20	20	30	4	10	0.3	7.88	1.00	2
苹果	100	40	587.44	6	80	30	1	8	0.4	8.72	0.89	1
沙梨	400	20	596.52	20	80	40	2	20	0.4	—	—	6
飞龙掌血	100	80	600	10	20	20	6	16	0.4	—	—	—
木豆	300	8	—	16	20	10	0.1	8	0.2	—	—	—
向日葵	132	8	140	132	8	30	2	32	0.018	3.60	1.8	8
板栗	500	10	500	20	80	40	4	50	0.4	—	—	8
蜡烛果	200	50	400	30	100	40	6	20	0.6	6.93	0.49	8
荞麦	300	50	250	30	100	160	3	40	0.4	—	—	—
胡枝子	100	8	300	20	20	20	2	8	0.6	—	3.19	—
香薷	100	80	400	20	100	80	4	35	0.4	6.26	—	8
蒲公英	300	100	100	30	60	30	3	20	0.4	6.76	0.663	—
色树	300	40	—	8	40	30	0.3	30	0.4	—	—	—
玉米	200	20	800	8	160	80	4	100	0.2	—	—	—
泡桐	180	40	260	60	10	8	0.4	12	0.6	3.7	—	1
盐肤木	200	—	600	30	40	30	6	4	0.3	7.47	0.720	2
乌桕	200	35	614	20	60	40	2	30	0.4	5.24	0.779	4
椴树	16	—	200	20	40	20	6	8	0.4	5.10	4.18	0.5
芝麻	300	20	150	60	30	20	2	16	0.4	3.0	1.2	4
茶花	300	50	100	40	30	60	2	16	0.6	4.65	2.34	20
野菊	200	—	567.98	10	50	20	2	4	0.4	5.53	0.73	10
芸芥	200	20	50	30	80	40	4	20	0.6	—	—	3

花粉名称	钛	锆	镍	硼	铅	铬	钇	钒	硒	锶	锂	钼
山里红	0.4	0.5	0.5	50	—	3.436	0.02	0.05	—	1.25	0.20	√
紫云英	0.3	0.5	2	—	0.37	0.055	0.037	0.037	0.013	—	—	5.5
油菜	0.5	—	2	—	0.032	0.048	0.03	0.06	0.0025	—	—	50
柳树	0.3	—	4	—	0.032	0.63	0.03	0.03	0.002	—	—	32
黄瓜	1	—	1	—	0.40	0.30	0.07	0.40	—	—	—	√
苹果	2	—	1.5	—	0.08	0.06	0.03	0.03	—	0.17	0.05	30
沙梨	0.5	0.2	1	—	0.55	0.07	0.26	0.59	—	2.99	0.37	√
飞龙掌血	—	—	—	2.7	—	—	—	—	—	—	—	√
木豆	2	0.5	1	43	—	—	—	—	—	—	—	√
向日葵	0.2	0.18	0.18	—	0.027	0.027	0.018	0.036	0.0124	—	—	√
板栗	0.5	—	2	0.6	0.027	0.027	—	—	—	—	—	√
蜡烛果	2	0.3	1	—	0.374	0.02	—	—	—	1.22	—	√

68

（续表）

花粉名称	钛	锆	镍	硼	铅	铬	钇	钒	硒	锶	锂	钼
荞麦	0.4	—	0.4	0.6	0.12	0.17	0.087	0.12	0.0024	—	—	5.8
胡枝子	1	—	1	—	—	0.215	—	—	—	—	—	√
香薷	0.3	0.5	0.2	6	—	—	—	—	—	0.39	—	√
蒲公英	0.1	—	1	10	0.05	0.30	0.10	—	0.03	1.99	0.04	√
色树	2	0.5	2	—	—	—	—	—	—	—	—	√
玉米	0.2	—	1	—	0.04	0.30	0.03	0.04	0.07	—	—	√
泡桐	0.5	—	1.5	—	0.22	0.13	0.031	0.063	0.13	—	—	√
盐肤木	2	—	0.5	—	0.09	0.563	0.10	0.09	0.002	2.55	0.20	√
乌桕	0.3	—	0.5	—	0.09	2.73	0.09	0.09	0.002	0.26	0.06	30
椴树	2	0.1	5	—	0.38	0.709	—	0.10	—	0.35	0.03	√
芝麻	1	—	0.2	—	0.89	0.30	0.018	0.059	0.002	—	—	√
茶花	2	0.5	2	3	0.06	0.57	0.08	0.03	0.01	—	0.26	30
野菊	0.2	—	1	—	0.064	0.042	0.071	0.085	0.002	0.54	—	√
芸芥	1	0.5	1	15	0.1	0.06	0.09	0.03	—	—	—	4.8

注：—表示未见，√表示未测。

早在1880年T. Thomson就根据当时已经研究的70多种花粉的矿物质测试结果，总结得出花粉中常量元素和微量元素含量为4%左右。花粉中除含有常量元素钾、钙、磷、硫、钠、氯、镁外，还含有多种微量元素，如硅、铁、铜、碘、锌、锰、钴、钼、锶、铬、铝、镍、硼、硒、钒、钡、钛、铍、铀、砷等。

笔者对常量元素钾、钠、钙、镁、锌、铜均进行了测定，结果发现它们的含量不但丰富，而且它们之间的比例也非常符合人体需要。

蔡继炯、徐景耀、王开发等对花粉中的常量元素和微量元素都进行了系统的研究。蔡继炯先生于1987年用原子吸收光谱研究了我国29种花粉中的常量元素和微量元素，从花粉中获得了铁、铝、钙、镁、锰、锆、钛、铅、锡、镍、钼、钒、铜、镱、锌、钴、锶、银、硼、钾、磷、硅、硒。徐景耀先生于1990年对我国16种花粉进行了常量和微量元素的研究，发现了花粉中含有众多的元素，其中钾的含量相当高，为4306～9968 μg/g；而钠相对含量较少，为45.9～92.54 μg/g；钙在花粉中的含量为1960～6360 μg/g；锰的含量较丰富,为 999～4431 μg/g;铜的含量为 4.79～27.58 μg/g;锌的含量亦较少,为 24.73～99.09 μg/g;还含有大量的铁,平均值为 446.1±263.8 μg/g,最高可达 1534 μg/g;尚还有镍、铬、钴,其中铬的含量为 0.184～1.888 μg/g,镍为 0.268～3.912 μg/g,钴为 0.032～0.918 μg/g。枣树花粉含铁量特别高,锰、铬、镍、钴也较多。江西高粱花粉、陕西芝麻花粉中锌的含量高于平均值的三倍,党参花粉中的铜、铬、镍的含量高出平均值的两倍。

王开发教授等对我国 35 种花粉进行了系统的常量元素和微量元素的研究后发现,花粉中含有钙、钠、磷、锰、硅、铁、铜、铝、钴、锌、钡、钛、锆、镍、硼、铬、钇、钒、硒、锶、锂、锡、钾等元素,而且不同的花粉其含量差别很大。如铁元素以荞麦、玉米、山里红、香薷含量最高;钙元素含量高的花粉为紫云英、沙梨、板栗、木豆、荞麦、蒲公英、色树、芝麻;钠元素以飞龙掌血、蜡烛果、荞麦、香薷、色树最高;磷元素含量以玉米、盐肤木、飞龙掌血、板栗、柳树为高;铝元素以荞麦、香薷、玉米最高;锰元素高含量者有油菜、芝麻、茶花;镍元素以椴树、荞麦、柳树为最多。

综观上述研究成果可以看出,不同植物花粉所含的常量元素和微量元素差别很大,因此若要有效地利用花粉中的各种矿物元素,尤其是微量元素,很好地选择花粉的品种是非常必要的。

(五)花粉中的酶

酶(enzymes)是由生物活细胞产生的有催化功能的蛋白质,它是影响细胞代谢的重要物质,在摄入生物体内的营养成分进行分解、合成时起催化作用,因而,酶被称为生物催化剂。由于生物体内各种酶的作用使生物体内的各种物质处于不断的新陈代谢之中,所以酶在生物体的生命活动中占有极重要的地位。生物体内的各种化学反应几乎都是在各种相应的酶的参与下进行的,如花粉中的酶对植物养料的贮存、花粉的萌发、帮助花粉刺激胚胎发育和子房成熟等都起着很大的作用。

花粉中含有多种酶。据 R. G. Stanley 在《花粉》一书中总结，在花粉中共发现了 104 种酶，分属于氧化还原酶、转移酶、水解酶、裂解酶、异构酶和连接酶六类。据日本学者研究，在花粉中至少含 94 种酶，其中氧化还原酶就有谷氨酸脱氢酶、D-阿拉伯糖醇脱氢酶、L-氨基酸氧化酶、肌醇脱氢酶、单胺氧化酶、UDP 葡萄糖脱氢酶、硫辛肼胺脱氢酶、乳酸脱氢酶、细胞色素氧化酶、苹果酸脱氢酶、O-玫酚氧化酶、酪氨酸酶、异柠檬酸脱氢酶、抗坏血酸氧化酶、磷酸葡萄糖脱氢酶、脂肪酸过氧化酶、丙二酸半醛酶、过氧化氢酶、磷酸丙糖脱氢酶、内消旋肌醇氧酶、葡萄糖脱氢酶、琥珀酸脱氢酶等 20 多种。

（1）氧化还原酶类：花粉中共发现了 30 种，除日本学者已列出的 22 种外，尚有乙醇脱氢酶、环己六醇脱氢酶、尿甘二磷酸-葡萄糖脱氢酶、6-磷酸葡萄糖脱氢酶等。Murphy 于 1973 年在云杉花粉中测出了几种细胞色素氧化酶的同工酶。P. Arnolai 检测出 42 科 65 属种植物花粉的几种氧化酶，发现石竹科、唐菖蒲的花粉酶活性高，禾本科、百合科花粉酶活性比较低，而较原始的毛茛目花粉几乎没有氧化酶活性，所以 Razmbhgov 认为较原始的裸子植物比较进化的被子植物的氧化酶活性低。

（2）转移酶：花粉中共发现 22 种转移酶，如天冬酰氨甲酰基转移酶、P-酶麦芽糖、4-葡萄基转移酶、麦芽糖转葡糖基酶、海藻糖磷酸-尿苷二磷酸葡萄糖基转移酶、α-葡聚糖-歧化葡萄糖转移酶、尿苷二磷酸-半乳糖葡萄糖半乳糖基转移酶、丙氨酸氨基转移酶、甘氨酸基转移酶、磷酸葡萄糖变位酶、DNA 核苷酸转移酶等。

（3）水解酶：据王开发教授研究，在花粉中共发现 33 种，主要为羧酸酯酶、芳香基酶、酯酶、角质酶、果胶甲酯酶、碱性磷酸（酯）酶、酸性磷酸（酯）酶、肌醇六磷酸酶、海藻糖磷酸（酯）酶、磷酸二酯酶、脱氧核糖核酸酶、芳香基硫酸酯酶、α-淀粉酶、β-淀粉酶、纤维素酶、昆布多糖酶、多聚半乳糖磷酸酶、α-葡萄糖苷酶、β-葡萄糖苷酶、甘露糖苷酶、海藻糖酶、β-N 乙酰氨基葡萄糖苷酶、赖氨酸氨肽酶、胃蛋白酶、胰蛋白酶、酰化氨酸水解酶、无机焦磷酸酶等。这类酶，在花粉中大量发现。

（4）裂解酶：在花粉中共发现了11种，它们是丙酮酸脱羧酶、草酰乙酸脱羧酶、丙酮二酸脱羧酶、谷氨酸脱羧酶、磷酸丙酮酸脱羧酶、二磷酸核糖苷脱羧酶、柠檬酸合成酶、苯丙氨酸脱氨基酶等。

（5）异构酶：花粉中仅发现5种异构酶，即尿苷二磷酸葡萄糖异构酶、阿拉伯糖异构酶、木糖异构酶、磷酸核糖异构酶、磷酸葡萄糖异构酶，它们在碳水化合物及其衍生物的代谢中起催化作用。

（6）连接酶：这类酶在花粉中种类最少，仅见有羧化酶、叶酸连接酶、D-葡萄糖-6-磷酸-环化依醛酶（NAD$^+$）。这类酶在花粉中的活性尚不清楚。连接酶通常称为合酶，可催化两个分子结合，同时放出ATP、GTP或类似的三磷酸中的焦磷。

在花粉中还发现了几种未能分类的酶，如酯酸连接酶；在玉米、黑麦属花粉中发现一种脂肪酸辅酶；Scott报导在牵牛花花粉中见有细胞壁降解酶。

王开发教授等曾研究了35种花粉的活性酶，见表4-11。其中含量高的花粉有山里红花粉、盐肤木花粉、板栗花粉、木豆花粉、泡桐花粉、乌桕花粉、柳树花粉；其次为油菜花粉、香薷花粉、蒲公英花粉；含葡萄糖氧化酶较少的花粉是紫云英、沙梨、玉米、蚕豆的花粉。尚对椰头草、玫瑰、草木樨、山花、泡桐、向日葵、芝麻7种花粉进行了腺苷脱氢酶、乳酸脱氢酶、碱性磷酸酶和谷草转氨酶的测定（表4-12）。在这7种花粉中腺苷脱氢酶仅草木樨、椰头草含有相当数量，其他花粉未检出。乳酸脱氢酶以芝麻、草木樨含量最多，山花含量最少，而碱性磷酸酶在山花中含量却最大，草木樨、向日葵和泡桐中含量最少。

表 4-11 我国蜜源花粉葡萄糖氧化酶含量（IU/100 g）

花粉名称	葡萄糖氧化酶	花粉名称	葡萄糖氧化酶	花粉名称	葡萄糖氧化酶
山里红	958	香薷	542	油菜	542
紫云英	104	蒲公英	542	荆条	199.8
柳树	625	色树	458	蚕豆	175
黄瓜	417	玉米	125	田菁	449
苹果	146	泡桐	637	黑松	500
沙梨	104	盐肤木	917	胡桃	349
飞龙掌血	417	乌桕	625	瓜类	625
木豆	646	椴树	188	烟草	417
板栗	833	芝麻	208	沙棘	708
蜡烛果	292	茶花	313	向日葵	500
荞麦	313	野菊	396	罂粟花	375
胡枝子	458	芸芥	292		

表 4-12 花粉中某些酶的含量（IU/100 g）

活性酶 \ 花粉名称	芝麻	向日葵	泡桐	山花	草木樨	玫瑰	椰头草
腺苷脱氢酶	0	0	0	0	4.8	0	7.2
乳酸脱氢酶	18	3.12	1.33	0.36	6.36	2.28	3.12
碱性磷酸酶	0.077	0.038	0.038	0.096	0.038	0.058	0.047
谷草转氨酶	0.26	0.26	0.31	0.40	0.45	0.40	0.40

（六）花粉中的有机酸

据研究，花粉中还有多种有机酸（organic acid），如甲酸、乙酸、丙酸、丙酮酸、乳酸、苹果酸、琥珀酸、柠檬酸、α-酮戊二酸等（表4-13）。在某些特种花粉中还含有羟基苯甲酸、原几茶酸、没食子酸、香荚兰酸、阿魏酸、对羟基桂皮酸等。沙比罗等于1981年证实，花粉中含有绿原酸和三萜烯酸，而且含量很高。柳属花粉绿原酸的含量就较高,为 547.5～801.2 mg/100 g,其次为樱桃花粉 440 mg/100 g,合叶子花粉 223.33 mg/100 g 和黄羽扇豆花粉 207 mg/100 g。而且多种花粉还含有三萜烯酸,如在荞麦、野苦菜、鼠李、蚊子草等花粉中的含量为 8570～11 060 mg/100 g,在马林果、柳叶草、黄羽扇豆、油菜等花粉中为 2049.8～5510 mg/100 g。

表 4-13 花粉有机酸的含量(g/100 g)

品种	有机酸								
	甲酸	乙酸	丙酸	丙酮酸	乳酸	苹果酸	琥珀酸	柠檬酸	α-酮戊二酸
银杏	0.009	0.008	—	0.037	0.013	0.016	0.047	0.244	—
日本柳杉	0.002	0.003	—	—	0.001	0.013	0.051	0.159	0.004
宽叶香蒲	0.006	0.059	—	0.027	0.013	0.023	微量	0.184	
毛赤杨	0.011	0.019	—	—	—	0.024	0.038	0.041	—
桦木科	0.007	0.017	—	—	0.006	0.300	0.017	—	—
华北白桦	0.009	0.670	0.019	0.032	0.005	—	0.004	0.826	
麻栎	0.015	0.057	—	0.053	0.035	—	0.092	—	
壳斗科	0.009	0.024	—	—	0.004	0.020	0.015	—	
莩草	0.025	0.078	—	0.012	—	0.550	0.051	0.380	
山茶	0.001	—	—	—	—	0.017	0.004	—	
豚草	0.028	0.100	—	0.032	—	0.082	0.060	0.300	

据 Jackson 于 1982 年报导,通过纸上电泳和核磁共振谱,从矮牵牛属植物花粉中检出植酸(phytic acid),并证实在这种花粉中植酸的含量达 2.1%(以质量计)。对多科属植物花粉的植酸检测结果表明,所有供试植物品种的花柱长于 5 mm 者,其花粉中植酸含量均可检出 0.05%～2.1%(以质量计)。

在花粉的组成成分中,有机酸的含量一般较少,其中关键的是中间代谢产物由于品种、发育程度、样品预处理的不同,可能出现较大的差别。有机酸的含量测定最基本的方法是通过乙醇提取,最早研究花粉有机酸的是 Kressling(1891 年)。他报导 5 g *Pinus sylvestris* 花粉含有 1.76 g 等价的酸(H^+),并指出其中主要是酒石酸、苹果酸和醋酸,而对于贮藏了十五年的 *Pinus ponderosa*, *Pinus echinata*, *Pinus lambertiana* 和 *Pinus pardiata* 花粉,每 5 g 花粉中含 1.65 g 等价的酸,如果贮存时间不变而贮存的相对湿度增加,其有机酸将减少 20%(Stanley & Poostchi,1962),这就意味着有机酸和多糖含量高与花粉的萌发能力有相关关系。豚草属(*Ambrosia*)花粉含有如下的游离有机酸:蚁酸、乙酸、戊酸、十二(烷)酸、肉豆蔻酸。

上述对花粉中有机酸的研究,还处于基础研究阶段,由于不同花粉中有机酸的含量差别很大,对不同花粉品种的有机酸作一系统的研究是项重要的基础研究工作。另外,对花粉中有机酸的研究还必须深入地了解各种不同花粉中有机酸的种类和含量以及它们分别在花粉中的作用。

(七) 花粉中的脂类

脂类(lipids)是生物界的一大类物质,是人体重要的组成部分;脂类是一大类疏水化合物的一个多相关性集团(均具有能溶于有机溶剂的特性),脂类包括油类、脂肪类和类脂三种基本形式,它是构成生物膜的重要物质,是机体代谢所需燃料的贮存形式,在机体表面的脂类具有防止机械损伤和防止热量散失等保护作用;脂类作为细胞表面物质与细胞识别、种特异性和组织免疫有着密切的关系。

在花粉中含有多种类型的脂质,花粉中的总脂(脂类的总含量)占其干重的 1%~20%,一般为 5% 左右。蒲公英和油菜花粉中总脂含量较高,可达 19%,欧洲榛子花粉含 15%,玉米和宽叶香蒲花粉分别为 3.9% 和 7.6%。酸性脂类有卵磷脂、溶血卵磷脂、磷环己六醇和磷脂酰胆碱;中性脂类有单酸甘油酯类、甘油二酯类、甘油三酯类、游离脂肪酸类、固醇类、碳氢类等(表 4-14)。

表 4-14 花粉中不同脂类所占比例（%）

脂 类	宽叶香蒲（*Typha latifolia*）	玉米（*Zea mavs*）
酸性脂类	39.7	36.6
卵磷脂		
溶血卵磷脂		
磷环己六醇		
磷酰胆碱		
中性脂类		
单酸甘油酯类	3.2	4.9
甘油二酯类	1.6	4.7
甘油三酯类	41.3	19.5
游离脂肪酸类	3.1	0.0
固醇类	3.1	2.5
碳氢类	7.9	31.7
总计占花粉干重	7.6	3.9

其次，在花粉中还含有脂肪酸，常见的脂肪酸有：丁酸、己酸、辛酸、癸酸、月桂酸、豆蔻酸、棕榈酸、硬脂酸、花生酸、山萮酸、二十四酸、油酸、棕榈油酸、芥子酸、亚油酸、亚麻酸、花生四烯酸等（表 4-15）。其中亚油酸、亚麻酸和花生四烯酸这三种不饱和脂肪酸在机体内不能合成，但却又是机体不可缺少的营养成分，故称其为必需脂肪酸。脂肪和脂肪酸由碳、氢、氧元素组成，但它们所含的碳和氢比糖类多，因此氧化时释放的能量比糖多，是最丰富的热能来源。

表 4-15 常见的脂肪酸

名 称	分子式	简 式	熔点/℃
饱和脂肪酸			
丁酸（酪酸）Butyric AC.	C_3H_7COOH	$C_{4:0}$	−7.9
己酸（羊油酸）Caproic AC.	$C_5H_{11}COOH$	$C_{6:0}$	−3.4
辛酸（羊脂酸）Caprylic AC.	$C_7H_{15}COOH$	$C_{8:0}$	16.7

（续表）

名　称	分子式	简　式	熔点/℃
癸酸（羊蜡酸）Capric AC.	$C_9H_{19}COOH$	$C_{10:0}$	32
月桂酸 Lauric AC.	$C_{11}H_{23}COOH$	$C_{12:0}$	44
豆蔻酸 Myristic AC.	$C_{13}H_{27}COOH$	$C_{14:0}$	54
棕榈酸（软脂）Palmitic AC.	$C_{15}H_{21}COOH$	$C_{16:0}$	63
硬脂酸 Stearic AC.	$C_{17}H_{35}COOH$	$C_{18:0}$	70
花生酸 Arachidic AC.	$C_{19}H_{39}COOH$	$C_{20:0}$	75
山嵛酸 Behenic AC.	$C_{21}H_{43}COOH$	$C_{22:0}$	80
二十四酸 Lignoceric AC.	$C_{23}H_{47}COOH$	$C_{24:0}$	84
单不饱和脂肪酸			
油酸 Oleic AC.	Δ^9	$\Delta^9 C_{18:1}$	13.4
棕榈油酸 Palmitoleic AC.		$\Delta^9 C_{16:1}$	32
芥子酸（顺）Erucic AC.		$\Delta^{13} C_{22:1}$	33～34
多不饱和脂肪酸			
亚油酸 Linoleic AC.		$\Delta^{9,12} C_{18:2}$	－5
亚麻酸 Linolenic AC.		$\Delta^{9,12,15} C_{18:3}$	－11
花生四烯酸 Arachidonic AC.		$\Delta^{5,8,11,14} C_{20:4}$	－50

L. N. Standifer 分析蜜蜂所采集的蒲公英的花粉含有 7.3% 的脂肪酸，而粗纹榛子花粉含脂肪酸为 5%。在花粉中还普遍发现有不饱和脂肪酸，它们占虞美人花粉中总脂的 91%。Banaglini 对 15 种花粉进行分析，结果都含有亚油酸，其中 11 种含有豆蔻酸、硬脂酸、棕榈酸、棕榈油酸、油酸和月桂酸。矮牵牛花花粉的脂肪酸含量为松科花粉的 4 倍，其中最丰富的为棕榈酸，占总脂肪酸的 42%。

花粉中还含有丰富的类脂，它的性质和脂肪相近，在细胞的生命功能上具有重要作用。类脂中主要由磷脂（卵磷脂、脑磷脂、肌醇磷脂、缩醛磷脂）、糖脂和固醇等组成。类脂是构成机体组织的重要成分，它可以与蛋白质结合成脂蛋白，构成细胞的各种膜，如细胞膜、核膜、线粒体膜、内质网膜等，总称生物膜，这些膜在机体的新陈代谢中起着重要作用。类脂又是构成脑细胞及神经细胞的主要成分。磷脂能防止脂肪在肝脏的堆积,类脂还与血液凝固有关。

L.N. Standifer 研究北美 16 种蜜蜂采集和 3 种人工采集花粉的类脂成分,发现风媒和虫媒花粉的主要类脂的含量没有显著差别,他研究的蜜蜂采集的豆科、菊科、蔷薇科、百合科、杨柳科、藜科、伞形科、毛茛科、杉科和木本类花粉中,类脂总含量为 0.8%~11.9%,含烃类为 0.06%~0.58%,类固醇 0.36%~3.4%,3-β-羟固醇 0.12%~11.1%,极性化合物 0.15%~0.48%。

美国的 A. Fathipour 用薄层色谱法对玉米花粉的中性组分进行分析,首次发现了某些长链脂肪酸甲酯的存在。1 g 花粉含 255 mg 的单糖脂肪甲酯,而且证实其中含 90% 的棕榈甲酯(162 mg/g)及亚麻酸甲酯(65 mg/g),剩下的主要是亚油酸及油酸甲酯。F.I. Opute 研究尼日利亚产的 5 种油椰属棕榈花粉的类脂成分,中性的主要有甘油酸三酯、磷脂酰乙醇胺及半乳糖甘油二酸酯。

王开发教授对我国 35 种蜜源花粉的磷脂含量进行测定,其含量范围为 0.67~6.08 g/100 g。其中以田菁、紫云英、泡桐、黑松、油菜、胡桃、板栗等花粉磷脂含量较高,而木豆、山里红、蒲公英、荆条、野生沙棘等花粉含磷脂含量较少(表 4-16)。

表 4-16 我国蜜源花粉磷脂含量(g/100 g)

花粉名称	磷脂	花粉名称	磷脂	花粉名称	磷脂	花粉名称	磷脂
山里红	0.67	荞麦	1.20	芝麻	4.80	瓜类	1.42
紫云英	4.07	胡枝子	2.18	茶花	2.04	烟草	2.07
柳树	2.87	香薷	2.58	野菊	2.15	沙棘	0.98
黄瓜	1.4	蒲公英	0.71	芸芥	3.02	向日葵	1.84
苹果	2.36	色树	1.09	油菜	3.46	罂粟花	1.78
沙梨	2.00	玉米	0.96	荆条	0.76	山花	4.43
飞龙掌血	1.80	泡桐	5.60	蚕豆	2.33	草木樨	3.80
木豆	0.76	盐肤木	1.96	田菁	5.82	玫瑰	6.08
板栗	3.09	乌桕	2.40	黑松	3.49	椰头草	3.60
蜡烛果	2.76	椴树	1.56	胡桃	3.16		

在花粉中还有一大类以环戊烷多氢菲核为骨架的物质,称为类固醇,其中有不少在自然界中都是和脂质联系在一起的,最主要的是固醇(甾醇)。固醇以其来源不同分类,动物固醇最主要的是胆固醇,植物固醇中主要的有谷固醇、豆固醇、麦角固醇。固醇类的数量和类型在不同的花粉中含量不同。Koesslor 在研究中发现,花粉的有机成分中约有 0.34% 的固醇;玉米花粉的固醇类大约占 0.1%,主要是胆固醇和豆固醇。Standifer 等对 15 种花粉进行含固醇的研究,其结果如表4-17。从表中可以看出,向日葵

表 4-17 花粉中固醇含量

	植 物	收集方法	主要的固醇类及其含量/%
菊 科	向日葵(Helianthus annus)	手	β-谷固醇(42)
	药用蒲公英(Taraxacum offienale)	蜜蜂	β-谷固醇(38)
	(Hypochoeris radicals)	蜜蜂	胆固醇(90)
蔷薇科	森林海棠(Malus sylrestris)	蜜蜂	24-亚甲基-胆固醇(50)
	苹果(Pyrus malus)	手	亚甲基-胆固醇(60)
	欧洲榛子(Coylus avellans)	手	β-谷子醇(75)
			谷子醇(64)
	胶桤木(Alnus glutinosal)	手	C_{29}-2-不饱和脂肪酸(17)
杨柳科	杨(Populus fremontii)	手	胆固醇(59)
	柳(Salix app)	手	24-亚甲基-胆固醇(50)
			β-谷固醇(25)
禾本科	玉米(Zea mays)	手	24-亚甲基-胆固醇(59)
			β-谷固醇(17)
			油菜固醇(12)
			豆固醇(12)
	黑麦(Secale cerale)	手	24-亚甲基-胆固醇(49)
			β-谷固醇(13)
	梯牧草(Phlum prateuse)	手	24-亚甲基-胆固醇(62)
			β-谷固醇(13)
松 科	欧洲赤松(Pinus sylvestris)	手	β-谷固醇(54)
			24-亚甲基-胆固醇(9)
	中欧山松(Pinus montana)	手	β-谷固醇(65)
			24-亚甲基-胆固醇(微量)
			油菜固醇(17)
			胆固醇(8)
	欧洲山松(Pinus mugo)	手	β-谷固醇(65)

花粉含有 β-谷固醇(42%),森林海棠花粉含 24-亚甲基-胆固醇(50%),黑麦含 24-亚甲基-胆固醇(49%)、β-谷固醇(13%),欧洲赤松则含有 β-谷固醇(54%)、24-亚甲基-胆固醇(9%)。Derys 从蒲公英花粉中分析出一种 14-甲基-固醇。Barhier 从仙人掌花粉中测出一种可能是花粉固醇类的前身物质环三萜醇 31-E 环阿顿醇;仙人掌花粉的固醇的 90% 是 24-甲烯胆固醇。

(八) 花粉中的激素类

激素(hormones)通常是指人及动物体内的内分泌腺所产生的一类生物活性物质,随着对植物内分泌学的研究,植物体内不但含有植物特有的激素,如生长素(auxin)、赤霉素(gibberellin)、细胞激动素(kinetin)、脱落酸(abascisic acid)、乙烯等,还含有动物和植物共有的类固醇激素,如人生长素、雌二醇、睾酮等。

1. 花粉中的植物激素

花粉中所含的植物生长调节激素有生长素、赤霉素、细胞分裂素、油菜素内酯、乙烯和生长抑制素等。它们对植物的生长、发育起着极为重要的作用。

(1) 生长素:其化学成分为吲哚乙酸,是植物生长的调节物质。Chaurin 和 Lenormann 于 1957 年正式从花粉中提取出生长素。Kots 于 1971 年从对杨属 10 种花粉的激素研究发现,花粉中生长素的含量随着年龄、贮藏和植物种的不同而有差异。

(2) 赤霉素:专家们首先从葡萄和百合花粉中发现了赤霉素,经研究还证实,欧洲赤松花粉提取液中赤霉素的含量很高,而且含量因细胞发育阶段不同而变化,当花粉成熟时为 $1.65\ \mu g/100\ g$,而开花时降为 $0.77\ \mu g/100\ g$。Barendse 于 1970 年研究亨利百合花粉的赤霉素含量为 $1.79\ \mu g/100\ g$。许多研究证实,不同植物花粉的赤霉素含量是不同的。赤霉素可以促进高等植物的发芽、生长、开花和结果。

(3) 细胞分裂素:又称为细胞激动素,是泛指与激动素有同样生物活性的一类嘌呤衍生物,它能促进细胞的分裂和分化。这一方面我国花粉学者研究得甚少。

(4) 乙烯:乙烯的作用是降低植物生长的速度,促进果实早熟。1967 年 Hall 和 Forsyth 报导,乌饭树属和草莓属的花授粉之后能产生乙烯,继之,在柑橘、桃树等的花粉中也都发现了乙烯。

(5) 生长抑制素:花粉中也同样含有生长抑制素,Tanka 于 1958—1964 年曾广泛地研究过松树花粉中的生长抑制素,并且报导松树花粉所产生的生长抑制素也能抑制被子植物芸苔种子的发芽。我国目前对花粉中的生长抑制素尚研究甚少。

(6) 油菜素内酯:油菜素内酯是一种新型植物激素,被称为植物的"第六激素"。

近年来,我国的科学家们也开始将油菜素内酯应用于农作物增产方面。20 世纪 90 年代初期,北京农林科学院作物研究所花粉研究室贺澄日研究员对油菜花粉经特殊的破壁处理后,采用简单萃取工艺制成了含有油菜素内酯的提取液,鉴定名为"906"。经测定,该提取液还含有多种其他能促进植物生长的调节物质。"906"提取液用于农业生产,其效果初试与日本生产的人工合成的结晶油菜素内酯的功效相近,对作物增产有明显的作用。经实验,蔬菜出苗期喷施浓度为 0.01 ppm 的"906",可增产 20.58%,甘蓝试验结果增产 20%。在食用菌金针菇和平菇的试验中分别增产 20.5% 和 31.37%。在果树的试验中可使柑橘、梨、桃着果率分别提高 20.7%,12% 和 25%。由于可直接从油菜花粉中提取,工艺简单,成本低,易于在农业上推广。如果把这种科研成果开发成产品,将可以促进农业大幅度增产。

上述花粉中所含的几种激素不一定在每一种花粉中都存在,但在花粉中含各种植物生长调节激素是非常普遍的,而且对植物的正常生长发育具有重要作用。

2. 花粉中的人生长素

人生长素是由 191 个氨基酸残基组成的一条多肽链。人生长素的促生作用最显著的是对骨、软骨及结缔组织的影响,促进蛋白质、RNA、DNA 的合成。

我国对花粉中人生长素的研究甚为少见。近年来,王开发教授等对花粉中人生长素进行了初步研究,发现在 35 种花粉中(表 4-18)仅荆条花粉未测出外,其他种类的花粉中均含有人生长素的成分,但含量差别很大。含量高者如蚕豆花粉,含 8.35 μg/100 g;含量低者如苹果花粉,仅有 0.31 μg/100 g。在 35 种花粉中人生长素含量高者有蚕豆、蜡烛果、田菁、香薷、紫云英等花粉,而人生长素含量低的花粉有苹果、盐肤木、茶花、椴树、沙梨等。

表 4-18 我国蜜源花粉人生长素含量(μg/100 g)

花粉名称	生长素	花粉名称	生长素	花粉名称	生长素	花粉名称	生长素
山里红	0.67	蜡烛果	7.06	黑松	0.82	烟草	0.85
紫云英	3.19	荞麦	0.74	野菊	0.57	沙棘	1.62
柳树	0.87	胡枝子	1.23	芸芥	0.75	向日葵	0.57
黄瓜	1.05	香薷	3.41	油菜	1.12	罂粟花	1.69
苹果	0.31	蒲公英	0.54	荆条	—	乌桕	1.20
沙梨	0.48	色树	2.22	蚕豆	8.35	椴树	0.24
飞龙掌血	2.69	玉米	0.75	田菁	3.94	芝麻	0.62
木豆	0.50	泡桐	2.98	胡桃	3.81	茶花	0.41
板栗	0.78	盐肤木	0.32	瓜类	0.87		

对花粉中是否存在性激素的问题经过近几年的相关研究表明,花粉中确实含有雌激素(如雌二醇)和雄激素(如睾酮),但它们的含量多少随花粉品种的不同差别很大。如板栗、乌桕、黄瓜花粉中的雌二醇的含量较高(106.62~144.40 pg/g),紫云英、山里红和香薷花粉中雌二醇的含量则较低(表 4-19)。我国学者杨中仪对六种植物花粉中的雄激素(睾酮)进行了测试,其结果为除了油菜、核桃花粉未检出雄激素外,其余四种均有雄激素,以兰州百合花粉含量最高,为 243.55±60.39 ng/g;银杏和油松花粉其次,分别为 86.66±7.09 ng/g 和 27.37±3.41 ng/g;白皮松花粉较低,为 11.00±1.06 ng/g。

表 4-19　花粉中雌二醇含量（pg/g）

花粉名称	雌二醇含量	花粉名称	雌二醇含量	花粉名称	雌二醇含量
向日葵	24.8	乌桕	116.40	芸芥	55.74
玉米	73	蜡烛果	28.62	胡枝子	0
黄瓜	106.62	紫云英	8.80	鸡蛋	6.25
苹果	23.86	板栗	144.40	牛奶	0
山里红	9.28	香薷	13.56	面粉	0

根据上述花粉中含性激素的量差别很大这一事实，在花粉的开发应用方面应特别注意花粉的品种选择。如在防治阳痿、妇女月经不调及更年期综合症方面应选用性激素含量较高的花粉品种。反之，如果用于儿童营养不良则应采用不含或少含性激素的花粉品种。

（九）花粉中的黄酮类

花粉中的黄酮类（flavonoids）是其重要的营养成分之一，而且含量丰富。目前从花粉中发现的黄酮类化合物有：黄酮醇、槲皮酮、山奈酚、杨梅黄酮、木犀黄素、异鼠李素、原花青素、二氢山奈酚、柚（苷）配基、芹菜（苷）配基等。

Lewis最早报导从花粉中提取出类黄酮，继之，日本的久道周次和德国的 K. Wiermann 等都先后报导过对多种花粉含黄酮类物质的检测结果。

Wiermann研究单子叶植物花粉发现黄酮类化合物的槲皮酮在光亮眼子菜、鳞茎、玉百合、福斯特氏郁金香、春芷红花、垂君子兰、雪花莲、美丽花鬼蕉、雪片莲、假山水、红口水仙、森林地杨梅、鸭茅、宽叶香蒲等含量高，异鼠李素在白色百合、玉百合、春芷红花、曲节看寺娘、玉米、单式黑三稜等花粉中含量较高，木犀黄素仅在少数花粉中发现。

我国花粉的黄酮类研究成果不多，湖南中药研究所于1983年从长苞香蒲花粉中分离出异鼠李、槲皮酮、异鼠李-3-O-芸香苷和一个尚未完全鉴定的异鼠李苷。王开发教授对我国蜜源花粉进行总黄酮含量测试,见表 4-20,可看出其含量相差甚大,其中板栗、茶花、木豆、飞龙掌血、紫云英、芸芥、胡桃、黄瓜等花粉中黄酮含量较丰富,总黄酮含量少的花粉为苹果、向日葵、玉米、野菊等,而白皮松花粉则未测出总黄酮含量。

表 4-20 我国常见花粉中总黄酮含量(g/100 g)

花粉名称	总黄酮含量	花粉名称	总黄酮含量	花粉名称	总黄酮含量	花粉名称	总黄酮含量
香薷	2.63	胡桃	3.27	荞麦	2.18	柳树	1.73
蚕豆	0.97	木豆	4.14	油菜	3.56	乌桕	1.64
板栗	9.08	盐肤木	1.71	黄瓜	3.07	茶花	5.35
胡枝子	2.58	罂粟	0.90	苹果	0.12	蜡烛果	1.44
荆条	0.42	野沙棘	1.37	向日葵	0.32	小叶青冈	3.71
色树	1.47	白皮松	—	芸芥	3.77		
瓜类	0.25	黑松	0.20	飞龙掌血	4.13		
野菊	0.59	玉米	0.92	紫云英	3.92		

笔者于 1995 年对采自山东临朐县的山楂花粉中的黄酮类物质也进行过系列的研究,结果发现在山楂花粉中黄酮物质的含量高且种类齐全。

马丽珍等测定了青海省油菜花粉中的黄酮含量为 3.51～4.17 g/100 g,甘肃向日葵花粉中的黄酮含量为 0.95 g/100 g,荞麦为 1.2 g/100 g。

中国农业科学院养蜂所用普通 72 型分光光度计测定花粉中的黄酮含量,波长选定 510 nm,结果如表 4-21 所示。

表 4-21 不同产区不同品种蜂花粉黄酮含量(g/100 g)

花粉品种	黄酮含量	花粉品种	黄酮含量	花粉品种	黄酮含量	花粉品种	黄酮含量
油菜（四川）	2.9	芝麻（湖北）	0.137	蚕豆	1.22	油菜（贵州）	2.8
向日葵（内蒙古）	2.15	板栗	4.62	唐松草（吉林）	0.625	乌桕（湖北）	2.22
松花粉	0.325	油菜（兰州）	3.06	荞麦（内蒙古）	0.75	益母草	0.60

(续表)

花粉品种	黄酮含量	花粉品种	黄酮含量	花粉品种	黄酮含量	花粉品种	黄酮含量
虎杖子 (黑龙江)	2.12	蒲黄 (新疆)	0.39	西瓜	0.25	桤木 (福州)	1.10
党参 (山西)	0.42	蒲黄	0.425	油菜 (兰州)	3.56	党参 (辽宁)	0.275
玉米	0.45	油菜 (兰州)	3.25	党参 (辽宁)	0.55	猕猴桃	0.175
油菜 (兰州)	3.00	党参 (黑龙江)	0.925	红豆草	0.325	油菜 (兰州)	3.12
党参 (黑龙江)	0.150	紫云英	1.9	油菜 (兰州)	3.43	党参 (黑龙江)	0.140
胡颓子	0.075	杂花 (民勤)	0.937	党参 黑龙江	3.65	油菜	1.70
杂花 (武汉)	2.06	党参 (黑龙江)	1.25	党参	0.54	向日葵 (河北)	0.62
党参 (黑龙江)	0.425	七里香	1.06	瓜果 (桐庐)	0.29	党参 (黑龙江)	0.45
玉米	0.50	水稻 (桐庐)	0.137	砀山梨 (安徽)	0.55	拉拉殃	0.81
棉花 (湖北)	0.137	蒲黄 (新疆)	0.40	油菜	0.20		

72 型分光光度计波长 510 nm 测定;中国农科院养蜂所测试。

(十) 花粉中的核酸

花粉的营养成分非常丰富,核酸(nucleic acid)是花粉中含有的重要营养成分之一,核酸包括核糖核酸(RNA)和脱氧核糖核酸(DNA)。核酸是高相对分子质量的聚合物,由一定序列的核苷酸组成。核酸是动、植物细胞中都有的必要成分。RNA 的 90% 存在于细胞质中,10% 存在于细胞核中,而 DNA 的 98% 均在细胞核中。细胞间质和细胞外液中均无核酸存在。

花粉中核酸的含量一般占花粉总重的 2%,DNA 约占 0.5%~1.0%,RNA 约占 0.6%~10%。

Togasawa 等人研究表明,日本赤松花粉的 DNA 和 RNA 含量分别为 0.016% 和 0.14%。识别花粉中核酸的嘌呤和嘧啶碱基,可以进一步认识遗传相互关系与 DNA、RNA 控制生长与转移遗传信息的机制。

王开发教授等人对我国 35 种蜜源植物花粉进行了核酸的测试研究,结果表明花粉中核酸的含量范围为 90.15～1695.56 mg/100 g(表 4-22)。核酸含量在 1000 mg/100 g 以上的花粉占一半以上,其中 RNA 含量为 48.07～1485.80 mg/100 g,DNA 含量为 19.24～218.50 mg/100 g。在各种花粉中核酸含量较高者为紫云英、柳树、沙梨、板栗、蜡烛果、香薷、乌桕、芸芥、玫瑰等。

表 4-22 我国蜜源花粉核酸含量(mg/100 g)

花粉名称	核酸	RNA	DNA	花粉名称	核酸	RNA	DNA
山里红	321.63	227.24	94.39	荞麦	385.05	288.42	106.63
紫云英	1347.71	1241.08	106.63	胡枝子	672.98	541.88	131.10
柳树	1315.00	1154.18	160.82	香薷	1468.32	1293.52	174.80
黄瓜	489.44	419.52	69.92	蒲公英	594.32	454.48	139.84
苹果	786.60	585.58	201.02	色树	423.02	314.64	108.38
沙梨	1075.02	856.52	218.50	玉米	660.26	524.40	125.86
飞龙掌血	821.56	611.80	209.76	泡桐	304.15	227.24	94.39
木豆	841.00	716	125	盐肤木	522.65	445.74	76.91
板栗	1695.56	1485.80	209.76	乌桕	1104.74	943.92	160.82
蜡烛果	1082.50	943.92	148.58	椴树	756.88	629.28	127.60
芝麻	882.74	716.68	166.06	胡桃	178.3	122.36	42.83
茶花	847.58	699.20	148.58	瓜类	162.57	108.38	54.19
野菊	943.92	786.60	157.32	烟草	467.73	541.88	132.85
芸芥	1458.52	1293.52	166.06	沙棘	314.64	218.50	96.14
油菜	501.68	419.52	82.16	向日葵	466.72	340.86	125.85
荆条	90.15	48.07	41.08	罂粟花	459.72	349.60	110.12
蚕豆	150.33	109.25	41.08	山花	895.98	866.26	29.72
田菁	274.94	218.50	55.94	草木樨	1025.24	1006	19.24
黑松	215	179.17	35.83	玫瑰	1130.66	1090.44	40.22

在食物中含核酸较少的食品有鱼类、豆类、肝脏类,鱼的核酸含量为 745 mg/100 g,虾为 392 mg/100 g,鸡肝为 518 mg/100 g,大豆为 294 mg/100 g,而花粉核酸含量多在 1000 mg/100 g 以上,

而且核酸和维生素在一起可以发挥协同效果,花粉含有丰富的维生素 A 源、维生素 B 族等维生素,所以能发挥更大的营养效果。

(十一) 花粉中的胡萝卜素

胡萝卜素(carotenes)是广泛分布于生物界的一大类色素,最早是发现于胡萝卜肉质根中的红橙色色素,因而命名为胡萝卜素。一些类胡萝卜素如 β-胡萝卜素等在动物体内可转化为维生素 A,故又称类胡萝卜素为维生素 A 源,而维生素 A 是人体不可缺少的一种维生素,因而作为维生素 A 源的类胡萝卜素自然是人体不可缺少的营养源之一。

花粉中的胡萝卜素是 R. Bestand 和 R. Pelranet 从黄毛蕊花(*Vasbascom thapsiforne*)的花粉中首先发现的,它也是花粉壁的重要组成成分,作为花粉壁的成分主要由孢粉素组成,而孢粉素的化学组成即是类胡萝卜素酯的氧化共聚物,所以凡是花粉都含有胡萝卜素。

Sykut 研究了印度水芹(*Tropaeolum majns*)花粉,发现该花粉含有 12 种胡萝卜素成分(表 4-23):α-胡萝卜素、β-胡萝卜素、γ-胡萝卜素、δ-胡萝卜素、新-β-胡萝卜素-U、新-γ-胡萝卜素、羟-α-胡萝卜素、隐黄质、叶黄素、叶黄素-5,6-环氧化合物、花黄色素及一种未鉴定的成分。印度水芹花粉的胡萝卜素总含量为 1804 μg/g。其他植物花粉含胡萝卜素的情况为:菊芋花粉含有叶黄素酯、α-胡萝卜素、β-胡萝卜素、隐黄质、叶黄素、黄黄质,百合

表 4-23 印度水芹的花粉样品中提取的类胡萝卜素

成分	干重/μg·g^{-1}	占总类胡萝卜素的质量分数/%	成分	干重/μg·g^{-1}	占总类胡萝卜素的质量分数/%
α-胡萝卜素	540.0	30.0	羟-α-胡萝卜素	19.2	1.1
β-胡萝卜素	435.9	25.1	隐黄质	26.8	1.5
γ-胡萝卜素	311.9	17.3	叶黄素	65.6	3.7
δ-胡萝卜素	69.6	3.8	叶黄素-5,6-环氧化合物	19.6	1.1
新-β-胡萝卜素-U	136.0	7.5	花黄色素	52.5	2.9
新-γ-胡萝卜素	74.6	4.1	未鉴定的成分	37.2	2.0

花粉、金合欢花粉含有环氧-α-胡萝卜素、叶黄素、黄黄质、环氧叶黄素,波斯仙客来花粉含有番茄红素、β-胡萝卜素、β-羟胡萝卜素、脉孢菌素,蒙古百合花粉含有堇叶黄质、辣椒素、花黄质素和辣椒玉红素(表 4-24)。

表 4-24　花粉中的胡萝卜素种类

种　类	胡萝卜素种类	参 考 文 献
菊芋(洋姜) (*Helianthus tulerosa*)	叶黄素酯 α-胡萝卜素和 β-胡萝卜素 隐黄质 叶黄素 黄黄质	Cameroni, 1956
白色金合欢 (*Acacia dealbate*)	α-胡萝卜素和 β-胡萝卜素 环氧-α-胡萝卜素 叶黄素(微量) 黄黄质(微量) 环氧叶黄素	Tappi, 1949/1950
波斯仙客来 (*Cyclamen persicum*)	番茄红素 β-胡萝卜素 β-羟胡萝卜素 脉孢菌素	Karrer 和 Leumann, 1951
蒙古百合 (*Lilium mandshecuricum*)	β-胡萝卜素 堇叶黄质 辣椒素 辣椒玉红素 花黄质素	Tappi 和 Menziana, 1956

我国对花粉中胡萝卜素的研究刚刚起步,据研究,各种不同花粉之间的胡萝卜素的含量差别很大,高者可达 234.3 mg/g,低者仅有 4.95 mg/g。其中富含胡萝卜素的花粉为紫云英、山里红、蒲公英、野菊等,而含量较低者为飞龙掌血、木豆、苹果、柳树、油菜等花粉(表 4-25)。

表 4-25　国产蜂花粉团胡萝卜素含量(mg/100 g)

花粉名称	胡萝卜素含量	花粉名称	胡萝卜素含量	花粉名称	胡萝卜素含量
胡枝子	23.9	向日葵	55.8	山里红	111.7
柳树	10.7	荆条	47.9	野菊	83.1
黄瓜	30.3	紫云英	234.3	木豆	4.95
苹果	5.66	色树	27.6	飞龙掌血	6.11
乌桕	23.11	蒲公英	94.2	油菜	8.5

(十二) 花粉中的水分

水(water)是一切生命的基础,在植物界水的含量因植物的种类、部位、发育状况而异。一般说来,植物的营养器官根、茎、叶的含水量高,占器官总重量的70%～90%,而植物的繁殖器官如种子、孢子和花粉中水的含量则较低,占总重量的12%～15%。

花粉中的水分由两部分组成,一为从花中刚采集来的新鲜花粉粒之间的外表层水,这是一般概念上的花粉含水量,新鲜花粉的外表层水的含量约为15%～20%,有时可高达30%～40%。为了便于长期贮存而不霉变,一般把刚采集回来的新鲜花粉经过晾晒干燥,使花粉表面上的水分降到10%以下之后,方可长期保存。这也就是工业上用的花粉标准含水量的要求。

从科学上分析,花粉的内部,即花粉壁内的细胞之中的内含物中除含有各种各样的营养成分之外,还会有约12%～15%的水分,如花粉细胞内容物中的液泡就是调节花粉细胞内水分的一个组织,它是花粉细胞水分的主要来源。所以严格说来,花粉中的水分应当包含两部分,即上面提到的花粉之间的外表层的含水量和花粉细胞内的结合水的含水量,两部分的总和才是真正意义上的花粉含水量。

目前常说的花粉含水量在10%以下即为合格的花粉水量,而实际上合格花粉的总含水量应当是花粉的外表层水10%再加上花粉细胞内的结合水12%～15%的总和,即花粉总含水量为

22%～25%，这便是花粉中含水量的一个科学概念，而不能只是计算花粉细胞外表的水分。

关于花粉含水量的探讨绝不是一个纯理论问题，它直接关系到花粉产品生产过程中的一些实际问题。我国著名养蜂专家陈德芳先生在进行花粉仿生破壁研究过程中发现，在100 kg的花粉进行仿生破壁之后，花粉的重量损失了大约13%。开始他认为是由于工艺过程中的不慎而使之丢失了13%的花粉，后经过严格的检查之后发现损失的这13%并不是花粉本身，而是花粉细胞内的结合水。由于陈德芳先生的发现，使我们对花粉中水分含量的认识更为科学。

（十三）花粉中的未研究及未知物质

根据国内外的科学家们对花粉长期的研究发现，在花粉中还发现了许多除上述十三大类物质以外的有效成分，如 octadeca, hypoxanthine waxes, resins（树脂），vernine, xanthine, lecithin（蛋黄素），nucleosides glucosides, auxims, brassis, kinns, lycopene hexodecanol, monoglycerides, lactic acid, triglycerides, hexuronic acid, giumatic acid, nucleic & phenolic acid 和 antibiotics（抗生素）等。以上二十多种天然物质均已在花粉中发现，但尚未进行深入的研究，更重要的是在花粉中估计尚有2%～5%的天然成分未被发现，而这百分之几的物质，科学家们认为很可能是花粉中最具有重大科学意义的，因为在许多疑难病症中由于服用了某种特殊花粉而不治而愈。有些人因严重的脑创伤而失去思维和说话能力之后，由于服用花粉而奇迹般地恢复了失去的记忆和说话能力，这种奇妙的功效很可能是花粉中的不知物的功劳。

总之，花粉中的各种有效成分不但对人类的营养保健起着重大作用，而且在医学上也会具有神奇的医疗功效。

二、花粉中各种有效成分的营养保健作用

花粉中含有的十三大类近三百种有效成分不但是组成人体各部分(大脑、骨骼、肌肉、皮肤、细胞、器官、血液)的物质基础,而且对人体各部分、各种器官均具有十分重要的营养保健作用。人体所必需的六大营养素(蛋白质、矿物质、糖类、维生素、脂肪和水)在花粉中不但含量十分丰富,而且六大营养素之间的配比亦特别符合人体的需要。下面就花粉中各种有效成分的营养保健作用逐一进行介绍。

(一) 花粉中蛋白质和氨基酸的营养保健作用

蛋白质是组成人体的主要成分之一,是食物的重要组成部分,是人体所需六大营养素之首,因此,蛋白质是生命的物质基础,是构成机体生长发育新组织的原料。除水以外,蛋白质在人体细胞中的含量比其他任何成分都高。它广泛存在于生物体的所有细胞中,占人体干重的50%。人体的各种组织、器官中都有蛋白质存在。它在人体中具有如下重要的生理功能。

1. 蛋白质是构成机体和生命的物质基础

机体所有的重要组成部分都需要蛋白质参与。人体的肌肉、血液、皮肤和毛发都是由蛋白质形成的。

(1) 催化作用:生命的基本特征之一是不断地进行新陈代谢,这种新陈代谢中的化学变化都必须借助酶的催化作用才能迅速进行,酶可以催化机体内成千上万种不同的化学反应,致使人体在不断的新陈代谢中得以正常生长、发育,而酶就是蛋白质。

(2) 调节生理机能:激素是机体内分泌细胞制造的一类化学物质,这些物质随血液循环流遍全身,调节机体的正常活动。如若机体内某一种激素的分泌失调,就会发生一定的疾病,如甲状腺分泌过多会引起甲亢病,否则,分泌过少则会引起甲低病。而

人体中这些激素之中有许多就是蛋白质或肽。胰岛素就是由51个氨基酸分子组成的相对分子质量较小的蛋白质,在肠胃中能分泌十多种肽类激素,用以调节胃、肠、肝、胆管和胰脏的生理功能。

(3) 氧的运输:生物从不需要氧转变为需要氧获得能量是生物进化过程中的一大飞跃。它从四周环境中摄取氧,在细胞内氧化能源物质(糖类、脂肪和蛋白质),产生二氧化碳和水。这种由外界摄取氧并且将其输送到全身组织细胞的过程是由血红蛋白完成的。

(4) 肌肉收缩:肌肉是人体最大的组织,通常为体重的40%~45%。机体的一切机械运动及各种脏器的重要生理功能,如肢体运动、心脏的搏动、血管的舒缩、胃的蠕动、肺的呼吸,以及泌尿和生殖过程都是通过肌肉的收缩与松弛来实现的。这种肌肉的收缩活动是由肌动球蛋白来完成的。

(5) 支架作用:人体中的结缔组织分布广泛,组成各器官包膜与组织间隔,散布于细胞之间。正是它们维持着器官的一定形态,并将器官的各部分连成一个统一的整体,这种作用主要是由胶原蛋白来完成。

(6) 免疫作用:机体对外界某些有害因素具有一定的抵抗力,如机体对流行性感冒、麻疹、传染性肝炎、伤寒、白喉、百日咳等细菌、病毒的侵入可产生一定的抗体,从而阻断抗原对人体的毒害作用,此即机体的免疫作用,而这种免疫作用则是由免疫球蛋白(一种由血浆细胞产生的一类具有免疫作用的球状蛋白质)来完成。

(7) 遗传物质:遗传是生物的重要生理功能,核蛋白及其相应的核酸是遗传物质的基础。此外,体内酸碱平衡的维持、水分的正常分布,以及许多重要物质的转运都与蛋白质有关,由此可见,蛋白质是生命的物质基础。

2. 建造新组织和修补更新组织

人体组织内蛋白质的合成、分解之间存在着动态平衡,尽管细胞的新陈代谢不断地进行,但蛋白质的总量却始终维持着动态平衡。一般一个成年人每天有3%左右的蛋白质被更新。食物中蛋白质最重要的作用就是供给人体合成蛋白质所需要的氨基酸,以用于人体组织的建造和修补。由于糖类和脂肪中只含有碳、氢、氧,不含氮,故蛋白质是人体中惟一的氮的来源,因此具有糖类和脂肪不能取代的作用。

食物中的蛋白质必须经过消化、分解成氨基酸后方能被人体吸收、利用。食物中的蛋白质被分解成氨基酸后,大部分又重新合成新的蛋白质,这一过程称为蛋白质的周转。而花粉中含有大量的游离氨基酸,无需经过周转即可直接被人体吸收利用。

3. 供应能量

尽管蛋白质在人体内的主要功能并非供应能量,但它也是一种能源物质,特别是在糖类和脂肪供应能量不足时,每克蛋白质在人体内氧化可放出 4 千卡(17 kJ)的热能供代谢所需。

总之,如果当人体摄入蛋白质的数量不足时,就容易衰老或发生疾病。所以国际上把人均蛋白质供应情况作为衡量社会食物结构和人群营养状况的指标。一切蛋白质都含有氮,而植物中含氮量最高的部位就是花粉。花粉中蛋白质的平均含量为22%左右,它是花粉中六大营养素中含量最多者。

(二) 花粉中糖类的营养保健作用

花粉中糖类的主要生物学功能是通过氧化而释放出大量的能量,以满足生命活动的需要。糖类又是心脏、大脑等器官活动不可缺少的营养物质,在所有的神经组织和细胞核中都含有糖类物质,总结起来糖类对人体的主要功能如下:

(1) 糖类对机体最重要的作用是供给人体活动所必需的能量,特别是葡萄糖可以很快被人体吸收转化为能量,满足机体的需要,1 g 葡萄糖氧化可提供 4 千卡的热量。另外,糖类还具有节约蛋白质的作用。

(2) 糖类又是构成机体的重要物质,它参与细胞的许多生命活动,例如,糖脂是细胞膜和神经细胞的组成成分,糖蛋白是某些抗体、酶等的组成部分,核糖是核酸的物质基础。

(3) 糖类对维持神经系统的功能具有重要作用。此外,糖还有解毒作用,机体中肝糖元丰富则对某些细菌毒素的抵抗能力增强。

(4) 糖又是食品的重要原料,许多食品中都含有糖,它对食品的感官性状、调味具有重要作用。

在食品中含有多种糖类物质,按化学结构类型可分为单糖(葡萄糖、果糖)、双糖(蔗糖、异构蔗糖、麦芽糖、乳糖等)和多糖(淀粉、糊精、纤维素、半纤维素、果胶质等)。

葡萄糖是最易为人体吸收的单糖,人体中的大脑每天都需要 $100\sim200$ g 葡萄糖。在蜂蜜和水果中均含有丰富的果糖,肝脏是实际利用果糖的惟一器官。另外,果糖的代谢可以不受胰岛素的制约,故糖尿病人可以食用果糖。

双糖类中大量存在的为蔗糖。它广泛存在于植物的根、茎、叶、花、果实和种子内,由一分子葡萄糖和一分子果糖构成,是食品的甜味物,在营养上也有重要意义。乳糖是由一分子葡萄糖和一分子半乳糖构成,是哺乳动物乳汁的主要成分。乳糖对婴幼儿的重要意义在于它能够保持肠道中最适合的肠菌丛数,并能促进钙的吸收。

糖类物质中第三大类为多糖,它是由许多单糖分子残基构成的大分子化合物,如淀粉、糊精、纤维素、半纤维素、木质素、果胶质和树胶及海藻胶。多糖可分为植物多糖、动物多糖和微生物多糖。花粉中的多糖则属于植物多糖类。花粉中的多糖可分为三种类型:一是果胶多糖,主要由半乳糖醛和半乳糖、阿拉伯糖、鼠李糖、甘露糖等中性糖类组成;二是半纤维素,主要由木葡聚糖、小麦的阿拉伯木聚糖、大麦中的 β-D-葡聚糖等组成;三是纤维素中的葡萄糖。

花粉多糖具有多方面的生物活性，它能影响人体的网状内皮系统、巨噬细胞、淋巴细胞、白细胞以及 RNA、DNA、蛋白质的合成，抗体的生成，cAMP 和 cGMP 含量，补体的生成以及对干扰素的诱生作用。花粉多糖通过增强机体免疫力而在抗老防衰、抗肿瘤、抗辐射、抗肝炎、抗结核等方面具有独特的作用。

糖类中第四大类为糖醇。它是糖的衍生物，食品工业上常用它代替蔗糖作甜味剂，在营养保健上也有独特的作用。糖醇包含三大类：一为山梨糖醇，它广泛存在于植物、藻类中，果实类的苹果、梨、葡萄中也多有存在；二为木糖醇，它广泛存在于多种水果、蔬菜之中；三为麦芽糖醇，它由麦芽糖氢化获得。上述三种糖醇的共同特点是其代谢利用可不受胰岛素调节，因而可作为糖尿病人的甜味剂；另一特点是糖醇不能被口腔细菌发酵，因而对牙齿完全无害，它不仅无促龋作用，而且还可以通过阻止新龋形成和原有龋齿的继续发展，来改善口腔卫生。

在糖类中具有营养保健作用的另一类物质是食物纤维。通常认为食物纤维是木质素（多糖的一种）与不能被人体消化道分泌的消化酶所消化的多糖之总称。食物纤维的作用有三：一是能螯合胆固醇，从而抑制人体对胆固醇的吸收，因而可以防治高胆固醇血症和动脉粥样硬化等心脑血管疾病；二是食物纤维有很强的吸水作用，由吸水可以促进肠道蠕动，加快排便速度和排软便，减轻直肠内的压力，降低粪便在肠中的停留时间，从而减少直肠癌的发病率；三是由于食物纤维吸水排出，尚可减轻泌尿系统的压力，从而缓解膀胱炎等泌尿系统的疾病。还有人认为由于食物纤维吸水量大，又不被消化，对肥胖病患者也有一定的疗效。食物纤维广泛存在于花粉壁中，花粉壁不但含有纤维素和半纤维素，而且还含有果胶质，因而花粉中的食物纤维同样会对人体具有营养保健作用。

（三）花粉中维生素的营养保健作用

维生素是维持生命的元素，在人类历史上，曾经因维生素缺乏而引起疾病和造成死亡。早在公元 7 世纪，我国的医药书籍上就有关于维生素缺乏症和用食物进行防治的记载。隋唐时的孙思邈(581—682 年)已知脚气病是一种食米地区的疾病，可食用谷白皮熬成的米粥来预防，这实际上是缺乏维生素 B_1（硫胺素）所致。此外，孙思邈还首先用猪肝治疗"雀目"（夜盲症），这是一种维生素 A 的缺乏症。

直到一千多年以后(1740 年)，英国海军上将乔治·安森率两千人乘六艘大船浩浩荡荡环球航行，回来时，仅剩下一艘主旗舰"百夫卡"号和几百名水手，另一千多名水手都死于坏血病。这件事令英帝国十分难堪，国王命令一名叫詹姆斯·林德的外科医生限期找到治疗这种可怕疾病的方法。1747 年 5 月，他在"索尔兹伯里"号上给水手食用新鲜橘子水，结果非常令人吃惊，水手们的病症完全消失，死亡率降为零。这就是由于维生素 C 缺乏所造成的恶果。1928 年匈牙利化学家乔尔吉成功地从柠檬中分离出这种关键物质，命名为抗坏血酸，即维生素 C，乔尔吉因此获得诺贝尔奖。

维生素是维持人体正常生理活动的一类有机化合物，在花粉中维生素含量十分丰富，几乎自然界存在的维生素在花粉中均有，因此，维生素是花粉中最重要的营养成分之一。如果说蛋白质、脂肪是人体的构成基础和能源，那么维生素和矿物质则是人体的滑润剂。近年来对感冒、动脉硬化和癌症预防的药理作用已经逐渐查明。维生素 A、维生素 C、维生素 E 可预防癌症；维生素 B_2、维生素 C、维生素 E 可预防动脉硬化；维生素 A、维生素 C 可预防感冒、肝炎等症；维生素 E 可预防老化。如果长期缺乏维生素，人体对疾病的抵抗力将会下降，出现容易疲劳、懒倦、心跳、气喘等症状（图 4-4），维生素在人体内起着极其重要的代谢功能和作用。

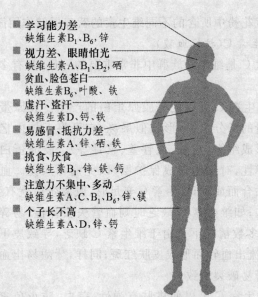

A. 缺乏维生素和矿物质对青少年的危害

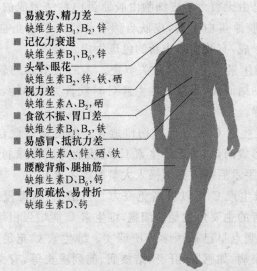

B. 缺乏维生素和矿物质对中老年人的危害

图 4-4　缺乏维生素和矿物质对人体的危害

在此就花粉中所含的不同维生素的营养保健作用简述如下。

1. 维生素C(抗坏血酸)

维生素C是维生素族群中非常重要的一员,具有多种防病治病功能。

(1) 维生素C可以促进胶原蛋白的产生。胶原蛋白占人体蛋白质总量的三分之一,形状似果冻,它可将人体内亿万个细胞粘合起来形成组织(皮肤、血管壁、软骨等)。胶原蛋白可使人体组织富有弹性,对细胞形成保护层,以免病毒入侵。血管壁是由胶原蛋白粘合而成,当维生素C充足时,胶原蛋白就有弹性,血管则伸张自如;如维生素C缺乏时则血管失去弹性,易碎裂。皮肤上长红痣,多数情况下是由于维生素C缺乏,导致皮下微细血管破裂,血液流出血管而形成皮肤红斑;同样,牙龈易出血也是由于皮下微血管易破裂所致。

(2) 维生素C可以使皮肤有弹性、美白,防止色素沉淀。因为皮肤也是由无数个表皮细胞由胶原蛋白粘结而成的,当维生素C充足时,胶原蛋白丰富,皮肤自然有弹性。胶原蛋白还可以阻止黑色素形成,有效地防止新的色斑生成。

(3) 维生素C可以预防关节炎。人的关节处的软骨也是由胶原蛋白粘结而成,当缺乏维生素C时软骨失去弹性,易磨损,容易导致炎症。

(4) 维生素C可以促进伤口愈合。能使伤口愈合结痂是由胶原蛋白形成的,如缺乏维生素C,结痂能力就会减弱,伤口愈合就慢,所以手术后病人必须摄入大量的维生素C。

(5) 维生素C可以提高免疫力。当细菌、病毒侵入人体时,消灭侵略者的主要角色是白细胞,维生素C能增强白细胞的作战能力,这一观点早已被医学界所证实。维生素C充足时,可以防治各种传染病,如感冒、肝炎、结核病、前列腺炎等,有文献认为大剂量的维生素C治疗感冒有显著效果。维生素C也能显著降低高血压。

调查显示，人体每天摄取 10 mg 维生素 C 不仅可以预防坏血病，而且还具有治疗作用。考虑到维生素 C 摄入量较高可以增进健康、提高机体的防病抗病能力等多方面的功效，世界卫生组织建议维生素 C 的每天供应量为：儿童(12 岁以下)20 mg，成年人 30 mg，孕妇 50 mg。维生素 C 广泛分布于水果、蔬菜之中，大白菜中含量为 19～46 mg/100 g，辣椒中含量高达 100 mg/100 g 以上。水果中以带酸味的水果如柑橘、柠檬等含量较高，可达 40～50 mg/100 g 以上。红果和枣的含量更高，尤其是枣，其含量可达 540 mg/100 g。在我国众多花粉中均含有丰富的维生素 C，如柳树、苹果、杨梅等花粉中的含量十分丰富。

2. 维生素 B_1(硫胺素)

维生素 B_1 是脱羧辅酶的主要成分，为机体充分利用碳水化合物所必需。当维生素 B_1 缺乏时，由于大脑得不到足够的能量，表现为容易疲劳、情绪低落、记忆力差。当神经得不到能量，则引发坐骨神经、三叉神经等的病变。维生素 B_1 缺乏还会导致心跳异常、肌肉无力、目光呆滞，重则引起脚气病。维生素 B_1 的主要功能是可以促进正常生长发育，保证神经、肌肉、心脏的正常功能，防治脚气病，改善精力等。在柳树、油菜、刺槐等花粉中都含有十分丰富的维生素 B_1，对改善维生素 B_1 缺乏症具有十分重要的意义。

3. 维生素 B_2(核黄素)

1933 年美国科学家哥尔倍格从 1 kg 的牛奶中得到 0.018 g 的黄色的荧光物质，被命名为核黄素，即维生素 B_2。首先，核黄素主要负责脂肪和蛋白质的分解，帮助将氧运输到人体的所有部位。缺少维生素 B_2，人体就无法正常运作，所以核黄素是最重要的维生素之一，它的主要功能为提供能量，同样摄取 1 g 蛋白质和淀粉，蛋白质将比淀粉多出 25% 的能量，所以补充维生素 B_2 能使人精力充沛。其次，维生素 B_2 与维生素 A 合作能够维护皮肤的健康和美丽,当维生素 B_2 不足时,会出现嘴唇干裂和脱皮、嘴角有细纹、头皮发痒等现象,严重时全身皮肤都会发痒。第三,核黄素可以保护视力,缺乏维生素 B_2,视力会下降,眼睛会流泪,严重时双眼会充血。动物试验表明,缺乏维生素 B_2 时,动物会患白内障,及时补充就会消失。补充维生素 B_2 后,老年人视力普遍得到改善。第四,维生素 B_2 可以保护血管。血管内壁上的过氧化脂质是动脉硬化的主要原因,维生素 B_2 则是分解过氧化脂质最有效的物质之一,所以经常补充维生素 B_2 可以保护血管,预防动脉粥样硬化。

维生素 B_2 缺乏症状主要表现为面部各器官的损害,如嘴角干裂、脱皮,舌头发红,口腔易发炎,眼睛怕光流泪、发红,皮肤发痒,精神不振等。我国是严重缺乏维生素 B_2 的国家,各种人群都缺乏,而花粉中均含有维生素 B_2,尤其是在芝麻、紫云英、苹果、刺槐等花粉中维生素 B_2 的含量尤高。

4. 烟酸

烟酸又名尼克酸、维生素 B_5 或维生素 PP,在人体内可转变为尼克酰胺,后者为辅酶Ⅰ和辅酶Ⅱ的组成部分,是细胞内呼吸作用所必需的。当烟酸缺乏时会发生癞皮病、舌炎、皮炎、食欲不振、消化不良、呕吐、腹泻、头痛、头晕、记忆力减退,甚至出现痴呆。长期服用异烟肼能补充烟酸,临床上用于治疗心绞痛、高胆固醇血症和动脉粥样硬化。我国花粉中烟酸的含量以向日葵(15.7 mg/100 g)、乌桕(8.4 mg/100 g)、刺槐(14.2 mg/100 g)为最高。

5. 维生素 B_6

它是一种"很有合作精神"的维生素。它与维生素 B_1、维生素 B_2 合作共同完成对食物的消化分解,与铁合作可以防治贫血病,人体中的 60 多种酶都离不开它。

维生素 B_6 有如下的功能:一是消化、吸收蛋白质和脂肪。缺乏它,许多食物不能被消化利用,人体得不到充足的营养,而未分解的食物在人体中会产生毒素,所以维生素 B_6 又被称为解毒维生素。二是防治贫血。它与铁元素结合是制造红血球的主要物质,如果缺乏维生素 B_6,即使摄入大量的铁,人体还会贫血。三是糖尿病人不可缺乏维生素 B_6,否则胰岛素就不能在人体内合成。总之,维生素 B_6 可以促使蛋白质和脂肪转化分解,提高神经递质水平,减轻焦虑,改善精神状态,防治贫血。我国大多数人群都缺乏维生素 B_6。而在我国的花粉中维生素 B_6 的含量均十分丰富,如乌桕花粉中维生素 B_6 的含量高达 71.6 mg/100 g。

6. 维生素 B_7

维生素 B_7 又称生物素或维生素 H,它是羧化酶系的辅酶,对机体的代谢有重要作用,是微生物生长的重要因子。据研究,在山松、赤杨、玉米和椴木的花粉中均含有较多维生素 B_7。

7. 维生素 B_9

维生素 B_9 又名叶酸或维生素 M,叶酸最早是从菠菜叶中分离出来的。叶酸的主要功能是帮助细胞分裂、生长,叶酸缺乏会出现消化系统的病变,造成血细胞生长不足而导致贫血。其次它是制造红细胞的主要原料,能够帮助胎儿发育。近年还发现叶酸对增进皮肤健康、美白肌肤有一定的效果。在花粉中含叶酸的种类很多,如油菜、蒲公英等。

8. 肌醇

肌醇亦属维生素 B 族,是动物和微生物的生长因子,被用于防治脂肪肝、肝硬化。花粉中肌醇的含量较少,主要存在于玉米、赤杨、椴木等的花粉中。

9. 泛酸

泛酸之名源于希腊文"Panto",意指"每处",即广泛存在的维生素之意,也是维生素 B 族的成员之一,它具有参与代谢、合成胆固醇的作用。泛酸在我国食物中含量过于丰富,因而易造成过量。如果摄取过量,可引起腹泻,增加肝胆的负担。

以上九种均属于水溶性维生素,以下为脂溶性维生素。

10. 维生素 A

早在一千多年前,唐朝的孙思邈在医书《千金方》中就记载动物的肝有治眼病和"雀目"(夜盲症)等功效,这是世界医学史上最早的关于维生素 A 能治夜盲症的文字记录。1913 年美国戴维斯等四位科学家发现一种黄色粘稠液体可以治于眼病。1920 年英国科学家曼俄特将其正式命名为维生素 A。

维生素 A 缺乏是世界卫生组织确认的世界四大营养缺乏病之一,每年导致 100 万~250 万人死亡,50 万人失明,1000 万人患眼病。据估计,全球有 2.5 亿儿童处于维生素 A 缺乏状态。

当维生素 A 缺乏时,主要表现为眼内水分减少,眼干涩怕光,视力下降,尤其是光线昏暗时,则患夜盲症。其次是皮肤粗糙,毛孔扩大,皮肤无故发痒,脱发,头皮屑多,眼袋变大下垂,骨骼发育不正常,易感冒等。

当维生素 A 摄取充足时,可以提高视力,防止夜盲症,促进骨骼成长,促进皮肤粘膜生长,使皮肤湿润、细嫩,头发正常生长,牙齿坚固,抵抗力增强,促进儿童、青少年长高。

花粉中的 β-胡萝卜素十分丰富,它在人体内可转化为维生素 A,所以花粉中的 β-胡萝卜素又称维生素 A 源。

11. 维生素 D

维生素 D 俗称阳光维生素,因为日光照射皮肤可直接产生维生素 D,每天只要晒 30 分钟太阳身体就能够获得足够的维生素 D。维生素 D 也可以通过食物获得。

维生素 D 的主要功能是促进儿童、青少年骨骼成长,预防佝偻病,因为佝偻病是缺乏维生素 D 和钙的结果。维生素 D 还能预防中老年人骨质疏松。它能促进机体对钙和磷的吸收,是机体调节钙、磷的代谢必需物,对牙齿和骨骼的形成极为重要。

花粉中维生素 D 的含量较少,含量较多的花粉只有紫云英(1.54 mg/100 g)。想要获得充足的维生素 D 最好多晒太阳。

12. 维生素 E(生育酚)

维生素 E 具有广泛的生理功能：一是可延缓衰老。人体内正常细胞一般分裂 60～70 代就会衰老甚至死亡,而在培养液中加入维生素 E,细胞分裂 120～140 代后才衰亡,使人体细胞的寿命翻了一番。二是抗氧化。人每天吸入 600 g 的氧,但氧在维持人体生存的同时产生了亿万个"小炮弹"——自由基,人体细胞每时每刻都在承受这些"小炮弹"的轰击,清除这些自由基的功能称为抗氧化。维生素 E 具有很强的抗氧化作用。它可以滋润皮肤,清除色斑,提高免疫力,增强抗病能力,可以使老年斑变淡。三是促使性激素分泌,提高生育能力。四是净化血液,保护血管,可以降低血液中的低密度脂蛋白的浓度。低密度脂蛋白附着在血管壁上会导致血管硬化。五是增强肝的解毒功能。当维生素 E 充足时,肝可以清除漂白剂、杀虫剂、化肥和其他环境污染的毒素。

在各种花粉中都含有维生素 E,其中蜡烛果花粉中维生素 E 的含量高达 1256.50 mg/100 g,苹果、紫云英、柳树的花粉中维生素 E 的含量也高达 800 mg/100 g 以上。

13. 维生素 K

维生素 K 具有促进凝血酶原合成的作用。维生素 K 又可分为维生素 K_1、维生素 K_2 和维生素 K_3 三种类型。我国花粉中含维生素 K_1 的有油菜、苹果、刺槐等,含维生素 K_3 的有紫云英、草木樨等。

14. 维生素 P

维生素 P 亦称芸香苷或芦丁,能增强毛细血管的强度,可预防脑溢血、视网膜出血,增强心脏的收缩能力,还有利尿和降血压的功能。我国荞麦花粉中含有丰富的芸香苷,在芸香花粉中含 17 mg/100 g 的芸香苷,日本槐花的花粉中则含有 25 mg/100 g 的芸香苷。

（四）花粉中常量元素与微量元素的营养保健作用

在人体内所有元素中，除碳、氢、氧、氮四种元素以有机化合物形式存在外，其他各种元素无论含量多少统称为矿物质元素。基于它在人体内的含量和膳食中的需要量的不同，把矿物质元素又分为两类。钙、磷、硫、钾、钠、氯和镁七种元素，含量在 0.01% 以上，每天需要量在 100 mg 以上，称为常量元素或大量元素；而低于此数的其他元素称为微量元素或痕量元素。微量元素虽然需要量少，却很重要，其中的一些种类为人体所必需，称为必需微量元素，现在已知有 14 种微量元素为人体所必需，即铁、锌、铜、碘、锰、钼、钴、硒、铬、镍、锡、硅、氟、钒。近年来，有人认为砷、铷、溴、锂有可能也是人体所必需的。各种常量元素和微量元素与有机营养素不同，它既不能在人体内合成，而且除排泄以外也不能在人体内的代谢过程中消失。

人体中矿物质总量不超过体重的 4%～5%，但不论常量元素还是微量元素均是人体不可缺少的营养成分（参见图 4-4），其主要功能是：第一，矿物质是人体的重要组成成分。人体的骨骼主要由钙组成，还含有磷和镁；在细胞中含有钾；体液中含有钠。第二，矿物质可以维持细胞的渗透压与机体的酸碱平衡。第三，矿物质可以保持神经、肌肉的兴奋性。人体组织液中的矿物质，特别是具有一定比例的钾、钙、镁等离子对保持神经、肌肉组织的兴奋性，细胞膜的通透性都有很重要的作用。第四，矿物质还具有某些特殊的生理功能，如血红蛋白和细胞色素酶系中的铁、甲状腺中的碘对呼吸、生物氧化和甲状腺素的作用具有特别重要的意义。现就矿物质中一些特别重要元素的营养保健作用概述如下。

1. 钙、磷、镁

人和动物体内的钙、磷、镁三种元素在骨骼中最多。钙和镁主要以磷酸盐，部分以碳酸盐、氢氧化物及氟化物形式存在，骨骼的基本矿物质结构是羟基磷灰石 $[Ca_3(PO_4)_2 \cdot 3Ca(OH)_2]$。

(1) 钙：钙是人体的重要构成元素，成年人的体内约含 1200 g 的钙，占体重的 2%。钙在人体内的生理功能有如下几点：第一，钙是构成骨骼的主要成分，人体内 99% 的钙存在于骨骼和牙齿中。当血液中钙的浓度不足时，身体会自动从骨骼中提供出钙供给血液，这时由于骨骼中钙的不足，就会出现骨质疏松、佝偻病、牙齿松动。第二，肌肉收缩（包括心脏的收缩）离不开血液中的钙，因此缺钙时容易出现抽筋现象。第三，促使血液凝固。血液凝固需要多种酶，钙离子担任着激活酶的重要角色，因此，缺钙者会发生伤口流血不止的现象。第四，钙具有传递信息的作用。1970 年，拉斯莫森等科学家发现"钙是细胞内的化学信使"，这一说法已经为大量的证据所证实。

概括而论，充足的钙可以促进儿童、青少年的生长（长高）和发育；维持所有细胞的正常生理状态，如心脏的正常搏动；控制神经感应性及肌肉收缩，如减轻腿抽筋，帮助肌肉放松；帮助血液凝固，减少疲劳，加速精力恢复，增强人体抵抗力。

钙缺乏症主要表现为儿童、青少年生长不高，发育迟缓，重则出现佝偻病。妇女则抽筋、腰酸背痛、骨关节疼痛、浮肿、牙齿松动。中老年人则骨质疏松、易骨折、驼背、掉牙脱发、腰酸背疼。据调查，中国大多数人都缺钙，急需补钙。而补钙又必须有维生素 D 和磷的协调，有了维生素 D 则可以促进钙的吸收；钙和磷的比例以 1∶1 最好，如果磷的吸收量大于钙，则会干扰钙的吸收。

我国花粉中含有丰富的钙元素，一般含量均在 200～500 mg/100 g 之间，而且钙、磷之间的比例也十分符合人体的需要，所以服用花粉是最佳的补钙方法。

(2) 磷：磷在人体内分布极不均匀，约有 70%～80% 的磷与钙、镁生成磷酸盐存在于骨骼和牙齿中，其余则成为多种有机磷酸化物存在于每一个细胞中。磷是骨骼健康的基本保证，是构成核糖核酸不可缺少的成分，它以磷酸的形式出现，参与许多辅酶工作。磷还具有维持肾脏正常运作机能、维持大脑和神经功能正常等作用。磷在我国不但不缺乏,而且食物中含有过量的磷。在我国的花粉中也含有十分丰富的磷,它和钙在花粉中的含量差不多,基本符合人体对钙、磷的1∶1的比例需求。

(3) 镁:人体中70%的镁存在于骨骼及牙齿之中,以磷酸镁形式存在,其余的分布在软组织及体液中。镁是细胞中主要阳离子之一,镁还是许多酶作用所必需的激活剂,是维持心肌功能所必需的。如果缺镁,会导致情绪不安、易激动、手足抽搐、反射亢进,长期缺镁可使骨质变脆。镁广泛分布于植物中,肉和脏器中也富含镁。我国的花粉中也广泛存在着镁元素,其中含量较高的花粉有向日葵(132 mg/100 g)、油菜(64 mg/100 g)、泡桐(60 mg/100 g)等。

2. 钠、钾、氯

钠与钾在人体内几乎以离子状态存在,一切组织体液中均含有钾与钠,如果它与氯离子共存,即成为氯化钠(食盐)。在细胞内以钾居多,在细胞外液(血浆、淋巴液)则含有大量的钠离子。钠和钾有加强神经与肌肉的应激性作用。

人体中钠和氯主要来自食盐,氯和钠一般不易缺乏,但如果由于剧烈的运动以致大量出汗,缺失氯化钠过多,则可能造成腿部抽筋。人体中钾主要来源于水果、蔬菜等植物性食物之中,缺钾可以对心肌产生损害,引起心肌细胞坏死,出现肌肉无力、水肿、精神异常、低血压等。

3. 硫

硫也是必需营养元素之一,是组成蛋白质、硫胺素、硫酸软骨素等体内重要物质的成分。硫以无机物(钠、钾、镁的硫酸盐)及有机物(蛋白质)形态随食物进入体内,并以有机物形态为主存在。当食物中蛋白质的含量适当时,机体对硫的需要完全可以得到满足。

以上介绍的钾、钠、钙、镁、磷、硫、氯是人体不可缺少而且具有相当含量的一大类元素,统称为常量元素。下面向读者介绍的是在人体中含量甚微,甚至以毫克、微克计算的微量元素,但也是人体生命活动中不可缺少的营养保健成分,具有十分重要的营养保健作用。

4. 铁

铁是人体中必需的微量元素,也是体内含量最多的微量元素。铁主要存在于血红蛋白中,各种形式的铁都是与蛋白质结合在一起的,不存在游离的铁离子。铁在机体中参与氧的运送、交换和调节组织的呼吸过程。铁作为过氧化氢酶的组成成分,具有清除体内的过氧化氢、有利机体健康、维持机体免疫功能和抗肿瘤的能力。如果血液中红血球数目和血红素含量都降低,则会引起缺铁性贫血,而缺铁性贫血是世界卫生组织确认的四大营养缺乏症之一,中国也是贫血较严重的国家,特别是妇女、儿童和青少年。在我国的各种花粉中普遍含有丰富的铁元素,如荞麦花粉含铁量为 160 mg/100 g,山里红、香薷、玉米等花粉含铁量均为 80 mg/100 g。

5. 锌

人体中几乎所有的组织都有锌元素,它的含量仅次于铁。锌又是很多酶的组成成分,人体中约有 100 多种酶中都含锌。锌在人体中的主要作用是促进细胞分裂,促使儿童正常生长发育,如果儿童缺锌则发育不良,大脑皮层缺锌则导致大脑发育不良、智力低下。锌又是免疫系统不可缺少的物质,在免疫细胞的修复过程中,锌起着重要的作用,它可以使血液中的 T 细胞明显升高。锌还可以防治前列腺肥大,促进维生素 A 的吸收,保护皮肤和骨骼。

我国也普遍缺锌,儿童中 30%～60% 的人缺锌,老年人缺锌也很普遍。锌的来源很广,主要来自各种动物肉类。但大多数的花粉中都存在锌元素,如盐肤木、野菊花、苹果、黄瓜等花粉中都含有锌元素。

6. 铜

铜是所有动物必需的营养元素,它在体内以铜蛋白的形式存在。铜在人体中的作用是辅助铁的运送和吸收,抵抗自由基;铜还能合成胶原蛋白,维持毛发的正常结构,维护血管和骨骼的健康。铜元素在我国并不缺乏,反而过盛,选择食物时须注意不要食用含铜多的食物。

7. 硒

硒元素广泛存在于人体所有器官和组织中,早年曾认为硒是有毒元素,近三十年来,硒的营养保健、医疗作用受到广泛重视。1973年联合国卫生组织宣布硒是动物生命必需的微量元素。1988年中国营养学会把硒列为15种每日必需的膳食营养素之一,建议人们每天补充一定数量的硒。研究发现,硒有很多神奇的功效:中老年人服用硒可以防衰老,中青年服用它可以提高精子活力,任何人都可以服用它防癌排毒。硒对人体的功能归纳起来有如下几个方面:一是抗氧化,延缓细胞老化。自由基侵害人体细胞会导致人体衰老,而谷胱甘肽可以消除自由基,从而减少自由基对人体的侵害,延缓人体衰老。如果缺硒,谷肽甘肽过氧化物酶就无法合成,衰老大大加快。二是硒可以预防心血管疾病。研究发现,心血管疾病患者血清硒的含量比健康人显著减低,补硒后则有明显的疗效。三是硒能提高免疫功能。缺硒时巨噬细胞则减少,使免疫功能下降。四是硒可以中和重金属的毒性。

硒元素在我国的分布极不均匀,我国有70%以上的地区为缺硒区,由于缺硒,人们患一种地方病叫克山病,病状是面色苍白、头晕、气短、恶心,死亡率很高,补硒后即痊愈。我国也有少数地区硒含量过高,造成硒中毒。补硒的标准用量为每人每天50～250 mg。

我国花粉中硒含量的多少,也往往受地质条件控制,如湖北恩施地区、四川紫阳地区土壤中硒含量很高,如果在上述地区采集花粉,均会含有较多的硒元素;反之,缺硒地区土壤中硒含量极少,花粉中硒含量也随之变少,所以无机元素含量的多少往往与地质环境条件、土壤的类型有关。

8. 碘

碘是甲状腺激素的组成部分,缺碘则甲状腺素合成困难,引起甲状腺肿大,凡缺碘地区极易患甲状腺肿大病,是地方病的一种。为预防此病,国家专门生产了一种补碘的食盐。另外,在海产品和海盐中碘的含量也很高。

9. 铬

铬元素有三价铬和六价铬之分,三价铬是人体必需的营养元素,而六价铬则有毒。铬在人体中的一个重要作用是通过促进胰岛素的功能而参与糖的代谢,如果缺铬,会导致生长停滞,血糖增高,产生糖尿病。铬元素存在于大多数的动物蛋白、全谷原粮之中,我国花粉中大多数品种均含铬元素,其中含量较高者有山里红(3.436 mg/100 g)、乌桕(2.73 mg/100 g)等。

10. 氟

氟能维持人的牙齿健康,防止龋齿。在有些地区饮水中含有大量的氟,又会使牙釉质发育不全,发生牙氟中毒。

11. 钴

钴是维生素 B_{12} 和一些酶的成分,缺钴可以引起贫血和消瘦,钴在人体中的营养问题实际上是 B_{12} 的供应问题,钴一般的日需量为 0.045～0.09 mg,相当于 1～2 mg 的维生素 B_{12}。

12. 锰

锰是维持正常骨结构、生殖和中枢神经系统的正常机能所必需的元素,是一些酶的组成成分,人体明显缺锰的情况尚不多见。我国花粉中锰含量不高,但大多数的花粉中均含有一定量的锰元素,其中含锰较多的花粉有茶花(20 mg/100 g)、油菜(16 mg/100 g)、野菊花(10 mg/100 g)等。

13. 钼

钼对骨骼和牙齿的发育有一定的影响;对尿结石的形成也有一定的抑制作用,能溶解尿结石,促进结石排出;对心肌有一定的保护作用,用钼酸盐预防心血管疾病效果也很好;还具有抑癌作用,调查发现在钼含量高的地方,食道癌的发病率低,因为它可增强小肠和肾脏中的两种含钼酶——黄嘌呤氧化酶和亚硫酸氧化酶的活性,从而可抑制致癌物质的吸收和加速其排泄。

综上所述,花粉对机体的重要作用,有可能是花粉中的微量元素起作用的结果。

在动物实验中曾出现过镍、锡、钒、硅四种元素的缺乏症,这说明此四种元素也是人体中所必需的元素。它们对人体的营养作用尚有待研究。

(五)花粉中酶类的营养保健作用

花粉中含有多种酶类物质,酶类虽然不直接参与人体基本器官的组成,但酶类物质是生命活动基础中新陈代谢过程不可缺少的催化剂。新陈代谢表现在生物体经常不断地由外界摄取其本身所需要的物质,改造同化而组成本身,与此同时又将体内产生的废物排出体外。在这个重要的新陈代谢过程中,有无数个带有顺序性和连续性的化学反应。在这些化学反应过程中都是在一类活细胞所产生的生物催化剂即酶的催化下完成的。由于各种酶所催化的反应互相配合,从而使生物体中的无数化学反应得以有条不紊地进行,从而使生物体成为一个统一的整体。由于酶在生命现象的化学过程中起着催化剂的作用,酶类物质的研究为阐明生命现象的规律和本质做出了贡献,从而为掌握和控制生命过程创造了条件。在实践中由于各种不同功能的酶的发现,为工农业的发展和医学提供了新的有效手段,在医学上各种各样的酶制剂广泛被开发出来,如用酶水解淀粉和纤维素可以生成葡萄糖,并将葡萄糖异构为果糖。用酶还可以嫩化肉类,澄清果汁等。

人体中任何一种酶的缺乏,都会导致机体生理活动不能正常进行。据研究,花粉中有100多种酶,花粉中的转化酶能把蔗糖分解为葡萄糖和果糖,淀粉酶则能帮助淀粉分解。由于花粉中的酶类完全是天然的,而且保持着酶类的活力,所以酶又具有强大的抗衰老功能和恢复青春活力的功效,故花粉中的酶类物质是重要的营养成分。

多年来对花粉的研究发现,在不同的花粉中均含有多种不同含量的酶类物质,如山芋花粉中发现过氧化氢酶、多种去氢酶、还原酶、碱性磷酸酶、酸性磷酸酶,在豚草和谷类花粉中含有淀粉酶、转化酶、蔗糖酶、过氧化氢酶、胃蛋白酶、胰肪酶及脂酶等,苹果花粉中则含有酒化酶,某些花粉中还含有肠肽酶、细胞溶解酶、酪氨酸酶等。

王维义于 1986 年所著《食用蜜蜂花粉》一书中介绍了花粉内壁蛋白质和外壁蛋白质中酶的种类有很大的差别。花粉的内外壁中都含有的酶类物质有转化酶、磷酸化酶、水解酶、淀粉酶、脂酶、β-呋喃果糖酶、β-(1→4)葡聚糖酶、多浆半乳糖醛酸酶、变应酶、草抗原 E、禾谷类抗原Ⅰ。而只存在于花粉外壁中的酶有脱氧酶、琥珀酸 B-NADH 脱氢酶、氧化酶、细胞色素氧化酶、水解酶、蛋白酶。只存在于花粉内壁中的酶有核糖核酸酶、水解酶、酸性碳酸酶。产生上述情况的原因可能与两种蛋白质有着不同的功能有关。

近年来对花粉中同工酶的研究发现,不同种类的花粉中同工酶的结构不同,依此可以鉴别花粉的种类。

新采集下来的新鲜花粉中酶的含量不但多,而且酶的活力强,随着贮存时间的延长,花粉中酶的含量和活力均明显下降,由此可知,要想保持花粉中酶的活力和含量,必须及时脱水、干燥并且保存在冷冻环境之中。

(六)花粉中有机酸的营养保健作用

花粉中广泛存在着各种有机酸,羧酸是电离常数小的弱酸,但它们大多具有抗菌防腐的作用,花粉中的柠檬酸和苹果酸还具有特殊的芳香气味,乙酸和丙酸也是食品中的防腐剂。

M. J. Strohl 等于1965年证实松花粉中含有羟基苯甲酸、原儿茶酸、没食子酸、香荚兰酸、阿魏酸、顺式和反式对羟基桂皮酸,这些具有生物活性和医药效用的酚酸在四种松花粉中均有。

1981年,沙比罗等证实花粉中含有绿原酸和三萜烯酸,而且含量很高,绿原酸不仅具有强壮毛细血管和抗炎作用,而且在合成胆酸、影响肾功能及通过垂体调节甲状腺功能方面也起重要作用。花粉的抗炎、促进伤口愈合、强心和抗动脉粥样硬化作用,均与花粉中所含的三萜烯酸有关。花粉中具有多种五环三萜类酸,如齐墩果酸、甘草次酸、乌苏酸、桦皮酸等均有重要的营养保健甚至医疗作用,如甘草酸则为抗炎、治疗胃溃疡的特效药。

花粉中萜烯类化合物大多具有很强的疗效,对许多疾病都具有明显功效,但对花粉中的有机酸的研究却很少,特别是萜烯类物质的研究更不多见,今后应当加强对花粉这一大类具有特殊疗效的物质的研究,弄清它的药理、药效,填补这项研究上的空白。对花粉中许多未知物质的深入研究,必将让花粉在医学方面做出突破性的贡献。

(七)花粉中脂类的营养保健作用

脂类是人体重要的营养物质之一,它以多种形式存在于各种组织中。皮下脂肪是机体的贮存组织,每克脂肪供能可高达36 kJ,比糖类、蛋白质高出一倍,若长期摄食能量不足,则贮脂耗尽,人便消瘦,反之体内贮存脂肪过多,人就会发胖,所以合理平衡地摄取脂肪是身体健康的基础。此外,脂肪还可以隔热,保温,支持和保护体内各种脏器不受损伤,从而具有保护机体的作用。脂肪还可提供人体必需的不饱和脂肪酸,它们除提供组织细胞,特别是细胞膜的结构外,还具有很重要的生理作用。食物中的脂肪还有助于脂溶性维生素的吸收。

近年来,人们对脂类的营养作用,特别是对不饱和脂肪酸中甘油酯在膳食中的重要作用予以重视;因为甘油酯的消化吸收与一般的脂肪不同,可以抑制脂解,降低血浆中游离脂肪的需要量,防止高血脂症。

必需脂肪酸是机体必不可少的脂肪酸,但人体又不能合成,它必须从食物中摄取。一般认为,亚油酸、亚麻酸及花生四烯酸都是人体必需的脂肪酸,但经研究证明,只有亚油酸才是人体必需的脂肪酸,它是组织和细胞的组成成分,在人体内参与磷脂的合成,并以磷脂的形式出现在线粒体和细胞膜中。必需脂肪酸对胆固醇的代谢也很重要,只有当胆固醇和必需脂肪酸结合时,才能在体内运转,进行正常的代谢。若必需脂肪酸缺乏,胆固醇将和饱和脂肪酸结合,不能在体内正常运转、代谢,胆固醇有可能在体内沉淀,形成动脉粥样硬化及胆固醇含量增多、血管壁硬化等病状。

不饱和脂肪酸还可以保护肌肤免受射线的损伤,这可能是新组织的生长和受损组织的修复必须有亚油酸之故。

花粉中含有十分丰富的人体必需的脂肪酸,如药用蒲公英的花粉中亚油酸含量为 14.3%(按甲基酯重量计),黄杉花粉中亚油酸为 16.4%,西黄松花粉中亚油酸为 5.4%。

在脂类物质中还含有许多类似油脂的物质,在细胞的生命功能上也起着重要作用,这一类统称为类脂(lipoids)。类脂包括磷脂、糖脂、固醇(甾醇)和蜡。

磷脂中主要成分有卵磷脂、脑磷脂和肌醇磷脂,这一类在人体营养保健方面的主要作用是抗氧化、清除自由基,是补脑的营养添加剂,脑磷脂还有加速血液凝固的作用。

糖脂(glycolipids)又称脑苷脂。糖脂有多种,是神经组织中的重要成分。

固醇,依来源不同分为动物固醇即胆固醇和植物固醇如谷固醇、豆固醇和麦角固醇。不同种类的花粉中固醇的类型不同,含量也不同,如向日葵的花粉中含有 β-谷固醇(42%),欧洲赤松花粉则含有 β-谷固醇(54%),禾本科玉米的花粉中则含有 24-亚甲基-胆固醇(59%)、β-谷固醇(17%)、油菜固醇(12%)、豆固醇(12%)。

(八) 花粉中激素类的营养保健作用

激素是生物体中内源产生的作用于器官组织的分化和调节代谢功能的微量有机物质。其功能是建立组织与组织、器官与器官之间的化学联系;通过调节各种化学变化的速度、方向及相互关系,使机体保持生理上的平衡;在促进发育、调节生理活动与物质代谢方面起着决定性的作用。

过去一向认为只有动物体中才有激素物质。近年来的研究,特别是对植物内分泌学的研究发现,在植物界中也含有多种植物激素以及动植物共有的一些激素类型,现将花粉中常见的几种激素的营养保健作用概述如下。

1. 植物激素

植物体的结构和动物相比有很大的不同,其中最大的区别是植物体绝大多数是靠自身特有的叶绿素进行光合作用而产生能量和营养物质供给植物体,所以植物的生长发育是靠自身制造的食物供应自己,即属自养型。而动物界则是靠摄取自然界中其他物质和机体(如矿物质、各种生物机体等)而生活的,所以动物的本质是异养型,其赖以生存的主要对象是植物界,可以说植物界是动物界生存的物质基础。所以,植物中的激素也同某些动物中的激素有共同的存在类型。

据研究,属于植物激素的物质有植物生长素、赤霉素、细胞激动素、脱落酸、乙烯、油菜素内酯及植物类固醇激素等。此外,人工合成的如:2,4-D(2,4-二氯苯氧乙酸)、α-萘乙酸、α-氯乙基酸等也称为植物的生长刺激物质或生长调节物质。上述的植物激素在食品工业中有着广泛的用途,如乙烯可以催熟水果,利用赤霉素处理啤酒生产用的麦芽可增加淀粉酶的形成等。

(1) 植物生长素:其化学成分为吲哚乙酸,多存在于植物生长最旺盛的部位,如顶芽、幼枝等,其功能是促进植物细胞的伸长,是植物生长调节的重要物质。在花粉中也发现了植物生长素,如榛树花粉中不但含有植物生长素,而且还含有抑制物质。杨树花粉中普遍存在着植物生长素,而且花粉中植物生长素的含量随年龄、贮存和植物种类的不同而不同。从花粉中提取出的植物生长素可以促进作物的生长和发育。迄今尚没有人从事植物生长素对人体营养保健作用方面的研究。但从理论上分析,植物生长素对人体也应具有营养保健作用。

(2) 细胞激动素:存在于植物的生长活跃部位,如植物的顶端、根端。现已从植物体中分离出七种,都是 6-氨基嘌呤的衍生物,是 DNA 的降解产物。细胞激动素的主要功能是促进细胞的分裂,促进细胞横向增粗,促进分化,打破睡眠,促进葡萄、苹果的果实坐果与生长的效应。花粉中也含有细胞激动素,它对人体的营养保健作用尚未见报导,但从它本身所具有的生理功能分析,对人体的生长发育也一定会具有某些积极作用。

(3) 赤霉素:在高等植物所有的器官和组织中均含有赤霉素这种生物活性物质,植物的根部和幼叶为赤霉素合成的地方。赤霉素可以促进植物的生长和形态建成,打破种子休眠,诱导花芽形成和开花,促进坐果与果实生长。由此可见,花粉中赤霉素的含量也十分丰富,如在欧洲赤松花粉提取液中赤霉素和赤霉素酸的含量均很丰富,其含量随着植物生长发育阶段的不同而异,在花粉成熟时赤霉素为 $1.65\ \mu g/100\ g$,而到了开花时则降为 $0.77\ \mu g/100\ g$。

(4) 脱落酸:是一种促使植物落叶、落果的激素,还具有使种子休眠和抑制种子发芽、抑制开花及花芽形成的作用。

(5) 乙烯:乙烯的作用是降低植物生长速度,催使果实成熟,在乌饭树、草莓、柑橘、桃树的花粉中均发现了乙烯,而对乙烯在人体中作用的研究尚未见报导,有待研究。

(6) 油菜素内酯:是一种新型的植物激素,可使植物的茎叶伸长率显著提高,可使蔬菜、水果增产,如可使莴苣增产30%,萝卜增产20%。

上海生理研究所等单位曾用浓度为 10^{-8} 的油菜素内酯处理花期小麦,由于增加了麦穗上部的结实率和穗粒的重量,从而使小麦增产10%,玉米增产9.8%~18.4%。又如用浓度为 10^{-8}、10^{-9} 的油菜素内酯对食用菌——金针菇菌丝体的生长具有显著的促进作用,与空白对照组相比,可提高产量43.4%,其蛋白质总含量也提高40%左右,从而可以缩短培养周期,提高产量。用10%浓度的花粉提取物对乳酸菌进行培养,也获得产量和质量的显著提高。也有人用花粉提取物对水稻良种进行培育,可以获得高产水稻良种的新品系,每公顷产量可以超过对照组180 kg。此外,油菜素内酯对促进黄瓜、西瓜、芹菜等蔬菜的增产及珍贵药用植物的培育均展示出良好的效果。

然而油菜素内酯对人体的营养保健作用,尚无人进行研究,从理论上分析,油菜素内酯也应对人体的营养保健方面具有多方面的作用,有待今后研究。

2. 动物激素

在许多花粉中不只含有植物激素,而且也含有一些动物的性激素,如就在一些花粉中发现了雌激素雌二醇。对雌二醇在花粉中含量的研究,直接关系到人类对花粉的科学应用。如某些花粉中雌二醇的含量很高(如板栗花粉雌二醇含量高达 144.40 pg/g),则可以用此花粉治疗妇女的不孕不育症。反之如果某些花粉中雄性激素睾酮的含量很高(如兰州百合睾酮的含量高达 243.55 ng/g),则可以用兰州百合的花粉治疗男性不孕不育症。上述两类花粉由于其性激素的含量过高,不宜为儿童服用,但绝大多数花粉的性激素的含量甚微,只要不大量服用,就不会为儿童生长发育带来副作用,相反,花粉恰恰是儿童营养保健的佳品。

（九）花粉中黄酮类的营养保健作用

黄酮类化合物（flavoniods）广泛分布于植物体中，花粉中黄酮类含量丰富，而且具有多种生理活性，为花粉中重要的营养成分，具有广泛的营养保健医疗作用。

（1）对心血管系统的作用：芦丁、橙皮甙、d-儿茶素、香叶木甙能降低血管脆性及异常的通透，可用于防治高血压及动脉硬化的辅助治疗，对治疗冠心病、活血化淤均有明显的疗效。一些黄酮类的成分有降低血脂和胆固醇的作用。另据报导槲皮素等黄酮类化合物对由 ADP、胶原或凝血酶引起的血小板聚集及血栓形成也有抑制作用。

（2）抗肝脏中毒作用：从菊科植物的花粉中提取出来的水飞蓟素等黄酮类物质具有很强的保肝作用，临床上用以治疗急慢性肝炎、肝硬化及多种中毒性肝损伤均有较好的效果。其中的儿茶素近年来在欧洲也有用以抗肝脏中毒的治疗。

（3）消炎作用：黄酮类化合物如芦丁及其衍生物对水肿、关节炎均有明显的抑制作用。荞麦花粉中的双聚原矢车菊甙元有抗炎、祛痰、解热作用，同时可以抑制血小板聚集与提高综合免疫功能，临床上用于治疗肺脓肿及其他感染性疾病。

（4）抗菌及抗病毒作用：黄芩甙、木犀黄素等黄酮类化合物具有一定程度的抗菌作用，对金黄色葡萄球菌均具有很强的抗菌活性。

黄酮类化合物还具有抗动脉硬化、降低胆固醇、解痉和防辐射作用，这对保护花粉生殖核的脱氧核糖核酸免遭辐射损伤具有重要意义。某些黄酮类化合物还被认为有益于人体对抗坏血酸和肾上腺素的抗氧化剂活性，并且是某些酶的抑制剂和平滑肌的松弛剂。

原花青素属于黄炫酮类，也具有强壮毛细血管和抗炎作用，并有资料表明，它还具有抗肿瘤的效用。槲皮酮、异鼠李素、芸香贰和异栎精都能增进植物的发芽率。

研究表明,不论在双子叶植物的花粉中还是在单子叶植物的花粉中,均含有多种类的黄酮类化合物,其中最常见的黄酮类有槲皮酮、山奈酚、鼠李素、柚基配质及木犀黄素,在花粉中含黄酮类化合物的主要科属有榆科、桑科、仙人掌科、蓼科、木兰科、毛茛科、十字花科、金缕梅科、蔷薇科、锦葵科、杜鹃花科以及单子叶植物中的鸢尾科、灯心草科、凤梨科、禾本科、眼子菜科、香蒲科、黑三棱科等。

(十)花粉中核酸的营养保健作用

核酸是高相对分子质量的聚合物,由一定序列的核苷酸组成。核酸包括核糖核酸(RNA)及脱氧核糖核酸(DNA),RNA和DNA是动植物和低级生物共有的成分。RNA的90%存在于细胞质中,10%存在于细胞核中;DNA主要分布于细胞核中,占98%以上。细胞间质和细胞外液中均无核酸存在。

核酸在花粉中含量十分丰富,因为花粉本身就是由无数个细胞组成的,在每一个花粉细胞中均含有核糖核酸,也含有十分丰富的脱氧核糖核酸,所以核酸是花粉中的重要营养成分。而核酸在整个生命活动中具有极其重要的作用,生物的遗传、变异、重组以及性状的表达都是以DNA的结构及其变化为基础的,RNA是遗传的物质基础,因此核酸能起防衰老的作用。美国S.富兰克认为核酸多的食物可使细胞再生,预防老化和各种慢性病。他在《不衰老食谱》一书中写道:"长寿民族可证明核酸营养学的重要性。"国内也有些研究核酸的学者认为,食用花粉可以达到健康长寿的目的。从核酸营养学上来看也是非常正确的,花粉不仅富含核酸,而且还能大量提供人体内降解为各种有利物质所需要的酶,使核酸在人体代谢后具有防止细胞老化和修复受损细胞的功效。花粉对心血管系统、神经系统的抗衰老机理,与富兰克博士所说的核酸在人体内的作用机理相似,所以说在花粉对健康长寿所作的贡献中核酸应居首位。每100 g花粉中含核酸90.15～1695.56 mg,花粉是补充核酸的天然保健食品。

(十一) 花粉中胡萝卜素的营养保健作用

胡萝卜素是花粉的主要成分之一,主要附存于花粉壁中。胡萝卜素具有广泛的生物学功能,对光照有天然的屏蔽作用,能很好地保护花粉中的物质。它也是雄性生殖细胞的生长刺激剂,是花粉发芽的控制物质。

近年来的研究发现胡萝卜素在人体营养学上具有重要的意义,β-胡萝卜素能捕获超氧离子,从而减少细胞膜的过氧化作用;可防止辐射致癌,实验证明,β-胡萝卜素有抑制膀胱癌、肺癌和皮肤癌的效用。最近日本京都府立医科大学的西野辅异等研究发现,α-胡萝卜素也有抗癌作用,这种胡萝卜素不仅能抑制癌细胞的增殖,而且能修复受损组织,其效果是β-胡萝卜素的10倍,因此胡萝卜素的效用日益引起人们的重视,而花粉含胡萝卜素是非常丰富的。

此外,胡萝卜素中的β-胡萝卜素是维生素A的源泉,人体吸收了β-胡萝卜素后可以转化为维生素A,而维生素A是人体不可或缺的维生素。

据研究,花粉中含有多种胡萝卜素,如印度水芹花粉就含有12种胡萝卜素:即α-胡萝卜素、β-胡萝卜素、γ-胡萝卜素、δ-胡萝卜素、新-β-胡萝卜素-U、新-γ-胡萝卜素、羟-α-胡萝卜素、隐黄质、叶黄素-5,6-环氧化合物、花黄色素等及未鉴定物,其总含量为1804 μg/g。

(十二) 花粉中水分的营养保健作用

水是人体中含量最大和最重要的组成成分,也是任何生命不可缺少的营养成分。水可以溶解多种有机物和无机物,使之便于人体消化、吸收。花粉中的水分是花粉内多种营养物贮存的最有利的、不可缺少的物质,许多营养成分一旦失去水,就会失去功效,失去活性。总之,水在花粉中起着不可替代的保护作用,使花粉内的营养成分永远保持其生命能力。只有这样的花粉,人服用后才能具有很好的营养保健效果。

花粉中的水,是由两种类型的水组成的。在花粉的外壁表面上也含有一定的水分,蜜蜂刚从一朵花中采集下来的花粉的外表面上含水量可以高达30%,但随着干燥而逐渐减少水分,一般花粉外表面上的水降至10%以下即可长期保存而不致霉变。

但在花粉细胞内的原生质中也含有一定量的水。而这种类型的水直接参与花粉细胞内的化学反应,或将营养成分保存在水中使之具有活性。细胞内水还具有重要的保护作用,一旦花粉细胞内的结合水蒸发过多,就会影响花粉的活性和营养作用的发挥。

(十三)花粉中未知物的营养保健作用

花粉虽经过近百年的研究,对其中90%以上的物质均有科学的认识,但至今仍有百分之几的物质未被认识和研究过,而这百分之几的成分往往具有十分重要的营养保健及治疗作用。所以广大花粉研究者应加倍研究花粉中的未知物以及它们的营养保健作用的机理。

据报导,对花粉如下的各种成分至今尚没进行过深入的研究,还不了解它们的营养保健作用。如:octadeca, trienoic acid, resins, vernine, xanthine, lecithin, nucleosides glucosides, auxims, brassis, kinns, lycopene hexodecanol, monoglycerides, lactic acid, triplycerides, hexuronic acid, giumatic acid, nucleic & phenolic acid。

三、花粉的功效

前面详细系统地介绍了花粉中的有效成分及其营养保健作用。在花粉中不但有效成分的种类齐全,而且它们之间的配比也特别符合人体均衡营养的需要。在花粉中包含的十三大类近三百种营养成分中,均具有各种不同的营养保健作用,在此基础上,下面将进一步分析花粉对人体各个器官、各大系统的功效。

(一) 花粉在提高人体综合免疫功能上的功效

人体综合免疫功能的强弱直接决定着人的体质好坏、人体防病抗病能力的大小,是人身体健康与否的重要标志。综合免疫功能强的人可以预防多种疾病,保持健康的体魄、乐观的情绪,从而使人长寿。反之,如果综合免疫功能低下,身体预防各种疾病的功能则大大下降,表现为身体衰弱,经常小病不断,一旦遇到大的传染性疾病的流行,则很难渡过难关。如2003年世界性的"非典"大流行,首当其冲的就是免疫功能普遍低下的老年人。据统计,60岁以上的老年人不但容易被传染而发病,而且死亡率也比中青年人高得多。但在老年人中,也有些身体强健、综合免疫功能强的人,仍然可以治愈,安度危难。由此可见,人体的免疫系统对人健康长寿具有重要作用。

人体内担负机体免疫功能的系统,称为免疫系统。它由一系列的免疫器官和免疫细胞组成,是人体天然的"防御屏障",保护机体免受细菌、病毒、肿瘤细胞的侵害,其组成如下所示:

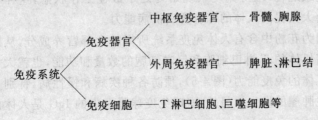

运行于血液中的 T 淋巴细胞、巨噬细胞是机体内对细菌、病毒及肿瘤细胞具有强力杀伤作用的细胞,这些细胞都是由造血器官骨髓产生分化出来的,平时集中于脾脏和淋巴结。

胸腺是一种内分泌腺,分泌胸腺激素。胸腺是决定身体免疫功能强弱、对机体非常重要的腺体。从骨髓产生、分化而成的原淋巴细胞是没有杀伤能力的无活性细胞,只有在胸腺的激活下,才能使这些原淋巴细胞成为有杀伤能力的有活性的细胞,即 T 淋巴细胞,它是体内杀伤肿瘤细胞能力最强的细胞。所以说,机体骨髓造血功能产生障碍及胸腺缺少症,都会造成身体缺乏巨噬细胞和 T 淋巴细胞,严重影响机体的免疫功能,机体对各种疾病的抵抗能力也将大大下降。

如何提高人体的综合免疫功能呢?近年来美国医学家提出用营养免疫学的方法可以大幅度地提高人体综合免疫功能。因为人体中的免疫系统的各种器官和细胞比人体中的其他组织和器官更需要各种营养物质的供应,补充其大量的消耗。据研究,当人体从外界获得营养素之后,它在人体内各系统的分配是不均衡的,营养素被吸收之后首先供给大脑,其次是心脏,而人体的免疫器官在最后才能获得营养素的补充,所以一旦人体中的营养素供应不足,首先受到影响的就是免疫系统。因此,只有将大量而充足的营养素提供给人体之后,人体中的免疫系统才能获得充足的营养,从而提高人体的免疫功能。而且人体中免疫器官所需的营养是各种各样的,也就是说营养的成分必须齐全,而且配比均衡。只有这样免疫系统才能得到均衡而全面的发展,才能使免疫系统健康运转,维持免疫系统始终处于最佳工作状态,这样也就自然会大大提高人体的综合防病抗病能力。

因为花粉中含有人体免疫系统所需的全部营养成分,从而可以提高机体的 T 淋巴细胞和巨噬细胞的数量和功能,也就大大提高了机体的免疫能力(图 4-5),预防各种疾病和慢性病,特别是预防恶性肿瘤的发生。另外,血球免疫球蛋白中的 IgG 是人体的一个重要抗体,能促进巨噬细胞的吞噬作用,抵抗细菌、病毒的侵害,还具有中和毒素的功能。服用花粉即可提高人体的血清免疫球蛋白 IgG 水平,这也是增进机体非特异免疫功能的另一个重要方面。

图 4-5　花粉是人体免疫功能增强剂

总之,花粉能营养人体中的各种免疫器官,如花粉能使脾脏和淋巴结生长加速,提高脾脏和淋巴结的重量,阻止免疫抑制剂对免疫器官的损害;花粉还可以加速抗体的产生和延缓抗体的消失,促进 T 淋巴细胞和巨噬细胞的增多,并提高巨噬细胞的吞噬能力,从而全面提高机体的免疫功能。

据研究,花粉中具有提高免疫功能的主要功效成分有如下几种。

(1) 维生素 C:在 100 g 花粉中维生素 C 的含量在 3～80 mg 之间,维生素 C 可以促进抗体的产生,提高人体的免疫功能,其主要功效为增强 T 淋巴细胞的数量和活力,维生素 C 还是淋巴细胞的重要组成成分。

(2) 维生素 E：在 100 g 花粉中维生素 E 一般含 100～1000 mg，因为维生素 E 是强氧化剂，具有广泛的生理活性，有助于抗体的产生，并能协助 T 淋巴细胞抗击侵入机体内的细菌和病毒。

(3) 维生素 A、D：花粉中维生素 A 的含量为 1000～80 000 IU/100 g，能维持上皮组织和粘膜表面功能的完整性与正常分泌功能，对抵抗疾病有重要作用，而且对抗体的合成、T 淋巴细胞的增殖、单核细胞的吞噬能力都是必不可少的。维生素 D 也有提高免疫功能的作用并能促进钙的吸收。

(4) 牛黄酸：花粉中含有丰富的牛黄酸。近年来的研究发现，牛黄酸能促进 T 淋巴细胞的增殖和巨噬细胞产生白细胞介素-1，增强中性粒细胞吞噬杀菌的活性，产生对抗体的杀伤病毒的功能，特别是可对婴幼儿机体免疫细胞防御功能起到重要的作用。

(5) 核酸：花粉中核酸的含量十分丰富，核酸是生命的根本物质，能刺激 T 淋巴细胞和 B 淋巴细胞增殖及加快分泌，从而提高机体的免疫功能。

(6) 常量和微量元素：花粉中含有多种常量和微量元素。其中铜与血红细胞、淋巴细胞以及吞噬细胞的中性粒细胞的成熟过程有关；硒能够显著提高机体生成；镁对 300 多种酶的活动必不可少，可影响免疫细胞的功能、发育和分布；钛在淋巴结中含量很高，对机体免疫系统增强起重要作用；此外，铁、锌、锰、钙等也有助于提高机体的免疫功能。

(7) 多糖：据耿越博士近年来的研究，花粉中的多糖也是增强机体免疫功能的重要成分之一，玉米花粉多糖（PPM）不论体内或体外对免疫系统及某些细胞因子都有明显的诱导和促进作用，多糖是花粉能够提高人体的免疫力、抗肿瘤的物质基础。玉米花粉多糖对环磷酰胺所致的小鼠脾脏和胸腺萎缩有显著的抑制作用，对细胞免疫和体液免疫也均有显著的增强作用。研究还证明,玉米多糖具有免疫调节活性,对巨噬细胞有激活作用。

多种营养素的综合作用也对机体的免疫系统具有十分重要的作用。因为免疫功能低下的一个重要原因是营养不良,因此改善机体的营养状况对调节人体的免疫功能有重要的作用,而花粉是最佳的营养补充剂,对营养不良特别是对免疫功能低下的老年人可以发挥显著的调整作用,从而全面提高人体的综合免疫功能。

据卢研源于 1988 年报导,在用花粉水溶液提取物对小鼠免疫功能的影响试验中,证明花粉提取物能使小鼠胸腺增殖反应显著提高;将不成熟型胸腺细胞转变成为成熟型,极大地促进不成熟型细胞的 DNA 合成,而 DNA 合成的加速,是不成熟型胸腺细胞转化的前提,对 T 淋巴细胞的发育、分布和分化功能的调节具有一定的作用。由此可见,花粉提取液对免疫功能低下的小鼠胸腺增殖具有一定的促进作用。

据李存德于 1987 年报导,党参花粉在对正常小鼠免疫功能实验中证实,党参花粉能明显增强小鼠胸腔巨噬细胞的吞噬能力,有助于抗体的消炎、抗感染等非特异性免疫功能的提高。

(二)花粉在治疗心脑血管疾病方面的功效

心脑血管疾病多由高血脂、高血压、高血液粘稠度(统称三高)诱发而成,但这三高中又以高血脂为关键因素。由高血脂诱发的冠状动脉粥样硬化性心脏病(冠心病)已经成为危害当代人体健康的主要疾病,有关医学专家认为冠心病的发生和发展随着血脂含量的增加而危害性增大,因此降低血脂是防治心血管疾病的有效措施。

冠心病是由冠状动脉的痉挛或狭窄而引起的心肌缺血或损伤所导致的疾病,包括心绞痛和心肌梗死。冠状动脉提供血液的供给,当冠状动脉内膜形成粥样斑块,血小板在斑块周围聚集,激活一系列的凝血因子,形成血栓,减少或阻断冠状动脉的供血,从而产生冠心病。

花粉对心脑血管疾病有明显的治疗功效,已经为许多临床资料所证实。花粉中含有丰富的芸香苷(维生素 P),而芸香苷能增强毛细血管壁的强度,具有预防脑溢血、视网膜出血、增强心脏的收缩能力,利尿和轻微降血压的作用。另据法国花粉营养专家卡娅研究,芸香苷还能防止出血,能快速使血液凝固,是战场上治疗出血的很有效的凝血剂。我国花粉中芸香苷含量最高的为荞麦花粉。荞麦花粉不但在预防、治疗心脑血管疾病上有明显的功效,而且也是防治糖尿病的重要花粉。

花粉中的黄酮类化合物也具有明显的抗动脉硬化、降低胆固醇、解痉和辐射防护作用。黄酮类中的原花青素(黄烷醇类)也具有强化毛细血管和抗炎、抗肿瘤的作用。

保加利亚医生为 60 例高血脂症和 40 例脑动脉粥样硬化患者以花粉治疗。每天服用三次花粉,每次 15 g,连服一个月。结果发现,患者血清胆固醇、游离脂肪酸、甘油三酯、β-脂蛋白和白蛋白均有明显的降低,头痛、心绞痛和记忆力下降等动脉粥样硬化症状普遍好转。王维义于 1985 年在动物实验中也观察到花粉有明显的降低胆固醇及甘油三酯的作用。给大白鼠喂饲掺有胆固醇粉末、蛋白、猪油的混合物一个月,制造高胆固醇、动脉硬化大鼠模型,然后分成两组,一组在饲料中掺入花粉,另一组作对照。实验组比对照组的血清中胆固醇、甘油三酯水平均有明显降低。曾述之于 1987 年报导用注射蛋黄和饲喂高脂食物诱发高血脂症的实验小鼠,重复验证花粉抗高血脂症的能力,也得到类似的结论。解放军总医院周建群等给 31 例高血脂患者每日服用花粉 3 g,其中 18 例连服三个月,13 例连服四个月,结果治疗一个半月后,患者的胆固醇、β-脂蛋白和甘油三酯均明显下降;三个月后,胆固醇和甘油三酯接近正常值。

花粉对心血管疾病的治疗功效不但芸香苷和黄酮类物质功效明显,而且花粉中的烟酸也具有降低胆固醇的作用,临床上烟酸还作为扩张周围血管和治疗血管疾病的药物；花粉中所含的丰富的抗坏血酸（维生素 C），也可以增强毛细血管的致密性，减低血管的渗透压和脆性，是临床上用来治疗动脉硬化症的药物；花粉中所含的必需脂肪酸既能降低胆固醇的含量，又能减少血小板的粘附性；花粉中所含的镁元素也有降低胆固醇含量的作用。

由此可见，花粉的功效是因为花粉中多种有效成分的综合治疗作用。它虽然不是一种特效药，但却是一种具有营养保健作用同时还具有明显功效的常效药，而且久服功效更为明显，没有任何毒副作用。

花粉对脑血管疾病也有较为理想的功效。李忠谱等用复方花粉丸治疗经 CT 扫描确诊的脑血栓 11 例，其中 5 例一开始就用花粉治疗 1～3 个疗程，治愈率为 100%。另 6 例用其他药物治疗无效后再用复方花粉丸治疗 1～3 个疗程，治愈率为 98.6%。

花粉对于因脑血管供血不足引起的头痛和脑血管畸形更显示出奇效。据河北省遵化县张海兵报导：有一患者患脑动脉硬化症多年，百医无效，后在北京某医院确诊为"四条脑血管中有三条已经失去供血功能"。当时病情不断恶化，使他失去了生活的信心。后经服用花粉一个疗程后，病情明显好转，生活已能自理。他再次到北京某医院检查，脑血管全部恢复了正常供血功能。他深有感触地说："是花粉救了我的命。"再看看如下的两个病历：

冀××，女，11 岁，内蒙古人，8 岁时有头痛病，多家医院治疗三年不见效，后经 B 超检查，确诊为脑血管供血不足，无特效药治疗。后试用蜂巢中的花粉冲茶喝，每天两次，每次约 10 g，连服半个月，竟把三年未治好的顽症治好了。

焦航，女，15 岁，六年前因患罕见的全脑血管畸形，被医学界判为绝症，活不到 13 岁，然而她在舒仲花粉公司的帮助下，坚持服用"舒仲花粉精"，结果不仅原来经常出现的失明、休克等症状消失，而且变得面色红润、口齿伶俐。1996 年 6 月 25 日中国妇女儿童活动中心为她举办了 15 岁生日庆祝活动，祝福她突破了生命的禁区。

(三) 花粉在治疗消化系统疾病方面的功效

人体中的消化系统由消化管和消化腺两部分组成,消化管是一条由口腔到肛门的迂回曲折的长管,消化腺是分泌消化液的腺体。消化和吸收是人体获得能源、维持生命的物质基础。消化系统主管食物在体内的消化分解,进一步吸收加工变成为身体各器官组织的组成部分;消化系统还将未被吸收的无营养的残渣排出体外。因此,消化系统对人体营养物质的吸收起着至关重要的作用。

1. 花粉在治疗胃、肠疾病方面的功效

胃、肠疾病为人体消化系统中常见的疾病之一,主要表现为胃溃疡和十二指肠溃疡。引起溃疡的直接原因是食物中含酸性或碱性的物质过强,会把部分的胃、肠粘膜消化掉,形成胃、肠局部部位上的溃疡面,即为胃溃疡或十二指肠溃病。这一类疾病的主要疗法为食物疗法,首先是少吃多餐,多吃富含蛋白质的食物,如牛奶、乳酸菌饮料等。特别是乳化脂肪(乳脂、奶油、蛋黄等)有抑制胃部运动、分泌的作用,而且含有高能量,是胃病患者的重要食物。

服用花粉治疗胃、十二指肠溃疡病可以获得最佳的医疗效果。因为溃疡症就是肌肉组织的溃烂,治疗的根本办法是尽快使溃疡面缩小、痊愈,提供足够的蛋白给溃疡部位进行细胞和组织的恢复。但是,如果进食普通的含蛋白质的食物,到了胃中必须先经过消化、分解变成氨基酸后才能为人体吸收和利用,而胃溃疡病人的消化能力差,而且吸收慢,又增加了胃的负担。而花粉中含有20多种活性游离氨基酸,这些活性氨基酸可以直接为人体消化和吸收,并输送到溃疡的部位,进行细胞的修复,使溃疡消失,因此食用花粉后,无须经过消化和分解,自然也不会增加胃的负担。氨基酸在组合成蛋白质的过程中必须有酶类物质的催化

作用才能完成,而在花粉中恰好含有十分丰富的酶,可以顺利地把氨基酸转化为蛋白质去直接治愈溃疡。

此外,花粉依其全营养、多功能的特性,可对胃肠功能进行调节,特别是对胃肠功能紊乱有特殊的疗效。花粉中含有丰富的维生素 B_1,它是构成脱羧辅酶的主要成分,而脱羧辅酶是调节糖在体内代谢的重要物质;维生素 B_1 可以促进肠道的蠕动,增强消化功能,使胃液正常分泌、活跃肠道功能;还可以减轻由肠内的致病细菌和微生物任意繁殖而引起的顽固腹泻、肠炎、大肠杆菌传染病等。

花粉可以消灭有害微生物或使其处于休眠状态,还能使有利的微生物很快繁殖起来。在正常饮食中服用花粉的最初几天即可获得相当惊人的结果,为此花粉被称为"肠道的警察"。

罗马尼亚的医生用花粉治疗 40 例十二指肠溃疡患者(A 组)与常规口服碱性药及抗胆碱药物的 48 例作对照(B 组),并进行放射性和内窥镜观察。治疗结果表明,A 组痊愈者 31 人(77.5%),B 组 38 人(79.6%);复发者 A 组 31 人(32.5%),B 组 14 人(29.2%)。二者之间无显著差异。

解放军 208 医院老年医学研究所用长白山区花粉配合维生素 E、维生素 B 族治疗慢性浅表胃炎 120 例和萎缩性胃炎 100 例,总有效率分别为 85% 和 78%。现将其典型病例介绍如下:

大林保彦氏,31 岁,日本东京都目黑区人,患胃炎,打针吃药无法根治。服用花粉一个月后,胃变得很舒服,食欲大增,胃痛消失。

伊林合,45 岁,日本东京都世田谷区人,患神经性胃炎,服用花粉后,心情愉快而积极,疲乏感消失,完全恢复健康。

王××,男,患结肠炎十多年,中、西医均不能根治,经服用花粉一周后,病情明显好转,半月后恢复正常,服半年多,一直未复发。

2. 花粉在治疗便秘方面的功效

便秘是一种常见疾患,尤其以中老年人居多。便秘会对身体造成多方面的不良影响,如粪便长时间留在体内,肠中的异物所产生的毒素被肠壁吸收,会引起内脏机能障碍、老化、慢性病萌生。便秘也是美容的大敌,粉刺、色斑和皮肤粗糙的主要原因就是便秘。

治疗便秘虽然有各种药物,但大多有毒副作用,而服用花粉则是治疗老年人习惯性便秘的一个行之有效的方法。老年人便秘,大多为功能性便秘,其原因是肠、胃、肛门各种肌肉收缩能力下降,缺乏排便动力,食物在胃肠中停留时间过长,再加上老年人常吃低纤维素食物,肠蠕动减弱等。花粉中含丰富的纤维素,可以促进胃、肠的蠕动,增强肠胃功能。花粉中丰富的维生素 B_1 对胃液的正常分泌和肠道活动与净化均有明显的作用。

陕西省人民医院给 26 例便秘者服用"舒仲花粉精",经临床观察,在 26 例便秘的人中,服用"舒仲花粉精"前,两天大便一次者 5 例,三天大便一次者 9 例,四天大便一次者 2 例。经服用"舒仲花粉精"后,有 24 例(92.3%)在 7~20 天内感到排便顺畅,不费力,仅有 2 例无明显效果。

法国肖邦博士报告,习惯性便秘的人服用花粉,在 3~5 天内见效。其中有 25 年连续便秘、每天不吃通便药便不能排便的妇女,吃了四个月花粉,便能自行排便。

上海华东医院利用花粉治疗习惯性便秘,疗效相当显著,在 21 例患者中,7 例效果明显,12 例有效,仅 2 例无效。经临床观察,服用花粉一个月后,大便转为正常,每日或隔日一次,2~3 个月后,大多数人可停服通便药。

(四)花粉在治疗泌尿系统疾病上的功效

男性泌尿系统的疾病主要表现在前列腺功能失调,造成前列腺增生、肥大、前列腺炎,严重者可以诱发前列腺癌症,对中老年人的身体健康和生活质量造成很大影响。

前列腺是属于内分泌系统中的一种男性附属性腺,其分泌的前列腺液是精液的重要组成部分。前列腺形似栗子,位于膀胱下方,尿道恰好从其中穿过。前列腺增生是男性中老年人最常见的慢性疾病。人到中年以后,前列腺内的结缔组织开始增生,严重时腺体体积比正常腺体大出 10～15 倍。这时肥大的前列腺则刺激压迫尿道,引起尿频、尿急、排尿困难等一系列症状,还会造成许多并发症,如尿道感染、膀胱结石、肾功能损害等。特别是慢性前列腺炎长期不愈,易使前列腺组织发生恶性增生,少数患者演变成前列腺癌,危及生命。

据统计,年龄在 50 岁以上的男性有一半以上存在不同程度的前列腺增生,而且发病率随着年龄的增长而增高,一般男性中发病率高达 75%。

目前国内治疗前列腺疾病的药物虽然很多,但由于前列腺包膜的通透性差,对药物的屏障作用很强,因而药物的作用很难达到腺体之上。这就大大减小了药物的疗效。据国内外临床验证,服用花粉,对前列腺疾病具有标本兼治的作用,疗效十分明显,无任何毒副作用。

花粉中含有丰富的功效性因子,如花粉中的各种氨基酸、各种维生素、各种微量元素及黄酮类化合物等,这多种功效因子,协同作用在前列腺体之上,可以使前列腺体包膜的通透性加大,以便顺畅地吸收各种功能因子,进而发挥治疗作用,促进内分泌腺的分泌和发育,提高和调节内分泌腺体——前列腺的功能发挥,从而对由于内分泌功能紊乱引起的前列腺疾病起到治疗作用。

前列腺的发育和生理状态的维持依赖于体内有足够的雄激素,尤其是雄性激素和雌性激素的平衡,而前列腺肥大的发病机理就是由于中老年男性的性激素分泌不足而引起内分泌调控失调。而花粉中的谷氨酸、脯氨酸可以改善前列腺组织的血液循环,减轻水肿,缓解前列腺肥大引起的尿道阻塞。花粉中的黄酮类化合物有很强的抗氧化功能及分解脂肪的功效,可以明显地减轻前列腺肥大等症状。

另外,据国内最新研究发现,前列腺素 E_1 在调节 T 淋巴细胞功能中,尤其是增加对癌症的抵抗力中起到重要作用。而前列腺素 E_1 的产生又依赖于饮食因素,包括不饱和脂肪酸中的亚油酸、亚麻酸及维生素 B_1 和维生素 C 都起重要作用。其中任何一种营养素的缺乏,都会使前列腺素 E_1 的含量减少,从而使 T 淋巴细胞功能下降。而上述各类重要的营养物质在花粉中都十分丰富。

瑞典史奈尔药业公司的花粉专家们对花粉治疗前列腺疾病的机理进行了长期而细致的研究,从花粉中提取出对治疗前列腺疾病具有特殊功效的 A、B、C 三个功效因子,统称为"cernilton"。并且将该项研究的成果开发出世界上对前列腺疾病有特效的药物——"cernilton pollen tables"。该前列腺的特效药行销世界 50 个国家三十年不衰,堪称花粉对人类的一大贡献。近年来,我国武汉某制药厂将该产品的原料从瑞典买来,译为"舍尼通片",该药是我国治疗前列腺疾病的最有效的药物之一。

日本长崎大学医学部泌尿科斋藤博士在一份报告中指出:过去治疗慢性前列腺炎需要很长时间,一边反复发作,一边治疗,而现在用花粉治疗,在短时间内就出现症状改善,其有效率达 80% 以上。

我国用花粉治疗前列腺疾病也取得了显著成绩,如浙江兰溪制药厂生产的国准字号药"前列康"就是一个典型的例证,前列康片全部用油菜花粉作原料,经精心研制,大量的临床试验证明"前列康"对治疗前列腺增生、前列腺炎均有十分明显的疗效。这也是中国第一个将花粉开发研究成国家级药的花粉药品。至今"前列康"作为全国各大医院的处方药仍很受广大前列腺疾病患者的欢迎,年销售量高达几十吨花粉。

浙江省老年病研究所用花粉治疗前列腺增生、前列腺炎疾病 100 例:患者年龄 49～72 岁,平均 61.7 岁;病程 1～15 年,平均

6.2年。服用花粉每次1.5～2g,每天三次,疗程1～8个月,平均2.5个月。结果:总有效率为93%,其中显效者为56%,有效者37%,无效者7%,症状改善率依次为尿痛(93.5%)、尿后滴沥(85.6%)、尿流变细(84.6%)、排尿困难(80.7%)、尿急(80.4%)及夜尿(79.3%)。长期服用无胃、肠等不良反应,并有13例精神转好,睡眠好转,不怕冷,面色红润。疗程长则有效率提高,而疗程短或中途停药者,症状易于反复。

四川安县医院用天然纯花粉治疗前列腺肥大也取得了令人十分满意的结果。共治疗前列腺肥大症患者140例,其中年龄小于45岁的10例,45～65岁的80例,65岁以上的50例;病程1～5年40例,6～10年80例,11年以上的20例。治疗方法:口服天然纯花粉每次5g,每天两次,两周为一个疗程。疗效标准:显效为尿频、尿急、尿路淋滴中断消失,尿常规、前列腺液化验正常,前列腺B超检查正常;好转为仍有轻微尿频、尿急、尿路淋滴中断,尿常规、前列腺液化验好转,前列腺B超检查体积变小;无效为上述症状和检查无改善。治疗结果:本组治疗后显效120例,占85.7%;好转20例,占14.3%。而且无任何毒副作用,未发生并发症。

(五) 花粉在防治呼吸系统疾病方面的功效

呼吸系统是由人体在新陈代谢过程中与外界大气进行氧气和二氧化碳交换的各器官组成。由于机体生命活动的需要,呼吸系统终生在不停地有规律地供呼吸器官与外界进行气体交换,以获得生命活动中必需的氧气;同时,也将体内新陈代谢过程中产生的二氧化碳经循环系统送到呼吸系统而排出体外,以保证人体器官组织生理活动的正常进行。如若机体缺氧或二氧化碳凝聚,就会妨碍正常的新陈代谢,从而导致各种呼吸系统疾病的发生。呼吸系统的器官性疾病包括三大类,即上呼吸道感染、慢性支气管炎和肺炎。

1. 对上呼吸道感染的防治

鼻腔、咽喉和气管部位的器官病毒性和细菌性的感染，总称为上呼吸道感染，一般称为感冒。感冒是当今人类社会最流行的一种疾病，由于它的传染性非常普遍，往往形成大面积的人群发生流行性感冒，即流感。感冒一般没有生命危险，但它却是万病之源，会因之引起多种并发症。经常患感冒的人，免疫系统反复遭受侵害，致使免疫功能下降，体弱多病，危害人体健康。

预防感冒的方法很多，如经常锻炼身体来增强体质，合理膳食，注意休息等都是预防感冒的很好方法。但如果想不受感冒的影响，首先必须提高人体的综合免疫功能，增加身体内部的免疫能力，如果一旦有病毒侵入机体，人体中的免疫系统便会自动活动起来，抵御外界病毒的入侵，使机体免受感冒困扰。那么怎样才能有效地提高人体的综合免疫功能呢？除坚持前面提到的加强锻炼、注意休息等因素之外，坚持服用花粉则是提高综合免疫功能的一个行之有效的方法。因为花粉中含有十三大类近三百种营养成分，不但种类齐全，而且含量丰富，不同成分之间配比也非常符合人体的营养保健需要。只要你每天坚持服用一定量的花粉（一般每天服用 5～10 g 即可），数月之后，就会感到身强力壮，食欲大增，精神愉快，身体的抵抗力大大增强，感冒很少在你身上发生，其原因是你身体中的免疫系统已变得非常强大，一些入侵的病毒很快会被你机体内的免疫细胞（如 T 淋巴细胞、B 淋巴细胞、巨噬细胞等）所吞噬而消亡。

笔者本人的经历就是证明：本人长期坚持服用花粉，已有十多年的历史，在服用花粉之前也经常感冒、发烧以致发展到肺炎。自坚持服用花粉后，十多年来从没有感冒到发烧的程度，最多是鼻塞、咳嗽一阵即过去。这不能不归为自身免疫系统功能增强的结果。本人长期服用花粉的第二个感受是防衰抗老，在服用花粉之前手脸部位已经明显地出现老年斑，但服用花粉十多年以后，老年斑不但没有继续扩大、增多，反而明显减少，而且食欲不减，精力充沛,精神愉悦,虽年逾七十,仍活动敏捷,思维清晰。

坚持服用花粉可以预防感冒,还在于花粉中含有大量的维生素,特别是维生素C,有助于骨胶原的合成,能把细胞之间连接起来,强化细胞间的结合,以防止感冒病毒从外界侵入。

世界上凡是普遍服用花粉的地区,便很难发现感冒呈流行之势。新西兰和南美一些国家的餐厅里,人们就像在咖啡店里加砂糖一样向饮料中加花粉。在法国当人们患了感冒和腹泻时,也会根据症状,加食花粉。1967年2～5月流行性感冒在瑞典突然发作,这时某重工业公司为防止感冒,用花粉制剂(花粉100g,阿司匹林100g)进行预防,结果在510人中,患流感的只有9人,98%的人没有得病,能继续正常工作。患流感的人中服用花粉比不服用花粉的症状要轻得多,恢复得也较快。

花粉是预防感冒的理想食品已经得到公认,凡坚持吃花粉的人,首先感到的是体质的改善,不仅精神好,而且腿脚有力,"还能像魔术一样消除疲劳"。这都是花粉能提高人体防病、抗病能力的明证。

2. 对慢性支气管炎的治疗作用

上海市南汇县蜂疗协作组试用花粉治疗慢性支气管炎,全部病例均系来自住院患者,经西医控制感染后,用花粉治疗,服花粉时间为2个月左右,在服用花粉期间停用一切药物,现将20例临床观察的疗效介绍如下。治疗方法与对象:慢性支气管炎病史均在五年以上,并经常反复发作者,年龄在50～79岁,男性12人,女8人。花粉均采用上海地区的油菜花粉。给药方法:口服,每天3次,每次3g,饭前服,以两个星期为一个疗程,一般服用均在2～4个疗程。临床疗效标准:以治愈、好转、无效三级疗效为标准。在20例慢性支气管炎病人中,经花粉治疗、治愈者12例,好转6例,无效2例,总有效率为90%。此外,食欲明显好转8例。在服用花粉中未发现过敏或其他副作用,个别患者有腹胀满等情况。

典型病例：倪××，男，58岁，慢性支气管炎病史十余年，每年经常反复发作，咳嗽严重，不能平卧，颈静脉充盈，二肺满布干湿性啰音，下肢浮肿，入院以控制感染及对症处理，一般情况好转，但咳嗽仍严重。服用花粉，每天3次，每次3g，服用一周后，咳嗽明显好转，咳痰减少，食欲增加，病情基本稳定而出院，观察两个月未复发。

3. 对肺炎的治疗作用

肺炎是一种常见病、多发病，我国每年约有250万人患肺炎，其主要特征为肺间质肺泡内有渗出性炎症。肺炎发生的原因是，大多数先期有上呼吸道感染症状，病毒感染破坏了气管粘膜的完整性，继发细菌感染，导致肺炎发生。

肺炎病人在康复过程中应多摄取含维生素高的食物，以增强体质，补充营养，因为肺炎患者受发烧、咳嗽、吐痰等病症的影响，体内代谢加快，尤其是白血球由于杀伤细菌而使代谢增强，需要大量的维生素，并且消灭细菌所需要的水解酶及肺部炎症的吸收过程也需要补充维生素，如果维生素严重缺乏，导致肺炎的吸收减慢，因而影响人体的免疫功能，故服用富含多种维生素的花粉有益于病人的康复。这与药书中记载的"松花粉主润心肺……"的论述是完全一致的。

（六）花粉在治疗精神、神经方面疾病的功效

法国著名的花粉学家A.卡亚在他的《花粉》一书中谈到花粉与精神状态时指出："一个人的精神状态和他的身体状态是密切相关的，身体健康人的精神一般是很好的，他能够乐观地对待生活中出现的大大小小的麻烦。花粉疗养则具有这种效果，它能使人体的功能恢复协调和平衡。食用花粉八天后，就会感到精神状态得到了很好的改善，性格得到了恢复，人们变得不再爱生气和发怒了，由于他对亲人有了更多的理解，因此就不再容易发脾气，而且变得更可爱了，建议所有易怒和悲观的人进行花粉疗养。"

"食用花粉还能使人精神愉快,使人有心情舒畅和心满意足的感觉,它能够增进活力,增强事业心,使人乐观,它还能像魔术一样消除疲劳。"

A.卡亚本人对花粉有助于改善人的精神状态有如下生动的描述:"花粉很有助于(至少我本人的情况是如此)清晰头脑,开阔思路,有助于人理解问题。服用花粉头脑便感觉清醒和灵活,这是咖啡和烟草所无法办到的,在花粉疗养的作用下,思想蜂拥而来,思路是如此之多,如此之快,以致写字的手都无法跟上那样快的速度。""本书是以花粉为名而写的。一个八十多岁的人,在两次心脏病发作之后,每天只用几小时,在很短的时间内就完成了此书。"

对A.卡亚上述的两点体会笔者在编写本书的过程中也的确深有同感。在此以前写书的过程总是思想上压力很大,有筋疲力竭之感。而这次写书则感觉和以前截然不同,精力充沛,思路清晰,写书进展很快。这是我一生中前所未有的,其原因便是本人已有十几年服用花粉的历史。

关于花粉对精神科疾病的治疗功效,早已引起人们的重视,已有许多临床、应用研究的报导。奥地利医生 L.费拉侬博士曾报导对四名神经衰弱、情绪波动、容易疲劳、失眠和头痛的患者给予花粉治疗所取得的效果。如,其中一患者 30 岁,男性,经常头痛,情绪不安定,给服用花粉一周,头痛解除,不再出现精神症状。又如,某患者 70 岁,男性,健忘,注意力不集中,失眠、无力,而服用花粉一周后,注意力能集中,经过一个疗程,睡眠也完全恢复正常。

在 20 世纪 90 年代中期美国等发达国家从花粉中发现了一种新型的不饱和脂肪酸——神经酸(nervonic acid),命名为顺-15-二十四碳烯酸,分子式为 $C_{24}H_{46}O_2$。据研究神经酸具有恢复神经末梢活性、促进神经细胞生长发育、改善大脑功能、增强理解和思维的能力。新近还发现神经酸对心脑血管疾病及人体自身免疫缺乏性疾病也有很好的疗效。近年来，我国的花粉学家们用高新技术也从花粉中分析出神经酸，而且在大多数的花粉中都含有丰富的神经酸，其含量一般在3%左右。这一发现对花粉具有健脑益智的作用机理和对神经性疾病疗效提供了理论基础。

西班牙医生R.L.帕里特曾用花粉对精神病患者做了三年的临床试验。他用花粉治疗精神抑郁症、神经衰弱和酒精中毒等患者，让患者每天服用花粉 2～3 g，对于抑郁综合征严重的患者，可以结合服用低剂量的常规抑郁症药物，能使患者在短期内恢复健康；花粉对戒酒时的戒断综合征疗效也很好。

厦门中医医院专科门诊用混合花粉对 34 例神经衰弱病人进行治疗，并以对症治疗的 21 例为对照，结果花粉组的疗效明显高于对照组。总的有效率分别为 91.2%和 71.4%（$P<0.05$），花粉治疗 30 天为一个疗程，疗效随花粉服用时间而逐渐增高。

江苏省五所医院试用花粉胶囊治疗神经衰弱 80 例，证明疗效优于"维磷补汁（浓）"对照组（$P<0.05$）。经花粉治疗的患者首先是消化系统症状的改善和消失，神经系统相继好转，血红蛋白和体重增加，表明花粉能健脾胃、增进消化功能，并有养血安神、增强体质的作用。

（七）花粉在增强体力、提高运动水平方面的功效

花粉不但具有多方面的防病治病功效，还在提高竞技水平方面具有十分明显的功效。在欧洲的赛马场，对绝大多数的赛马都喂服花粉作为提高马的竞技水平的一个行之有效的措施。我国每年出口欧洲的花粉有相当的数量是作为各种动物的饲料。

对运动员训练研究中，近年来国际上也不断报导一些优秀运动员，甚至奥运会冠军得主也有长期服用花粉的记录（图 4-6）。我国国家体委科研所对花粉提高运动员竞赛水平方面也进行了一些观察研究。

（1）一般项目观察：给运动员每天服用花粉 15 g，连续三个

图 4-6　许多奥、亚运冠军都服用花粉

月,实验前及服用花粉后一个月、两个月、三个月分别检测身高、体重、血压、肺活量、握力、腰力、背力、自行车定量负荷 PWC170(心率达 170 次/分时身体做功的能力)、跑台机能试验、血色素、心电图、超声心动图及免疫球蛋白等客观指标。结果两三个月后,各项指标均有明显改善和提高。

(2) 心脏功能的实验研究:天津市体育运动学校和天津市游泳运动中心,对 10~15 岁的 30 名运动员进行花粉提高心脏功能试验,以超声心动图和心电图为观察指标。结果,窦性心律不齐 7 人(23.3%)服用花粉后无一人有期前收缩。心脏舒张功能方面结果为心脏快速充盈幅度及快速充盈率均有提高,射血分值及搏出量也均有提高,有的队员提高的幅度很大。心肌的顺应性及心传导功能尤其有显著改善,增加了运动员的负荷能力。

(3) 身体耐力实验观察:如果运动员每天食用 50 g 花粉,身体状况明显改善,训练欲望、运动量和做功量均有明显的提高,心理和生理疲劳阈值也有提高,自行车运动员的吸氧量比服用花粉前增加 54.2%。服用花粉后对运动能力和快速恢复体力均有良好作用。155 名运动员服用花粉后,睡眠改善,食欲增加,提高了心肺功能,增加了体力和耐力,消除运动后的疲劳,提高运动员的素质,从而提高了运动成绩。

(4) 运动员成绩变化的实验观察:辽宁省体育科学研究所于 1989 年,对参加全国第二届青年运动会的 400 名运动员,在赛前和赛中服用天然花粉素,对 72 名金牌得主中的 22 名进行随机抽样预赛,其成绩与决赛成绩作一比较,结果是成绩显著提高者 20 名(占 91%),成绩不显著者 2 名(占 9%)。从对运动员的观察中,证明花粉具有明显的抗疲劳作用,并且可以快速恢复体力、提高体力,提高机能,因而提高了竞赛的成绩。经检查证实,天然花粉素不含激素。

芬兰长跑运动员 Lasse Viren 服用花粉后体力增强,耐力提高,能很快消除疲劳,服用花粉中在 1972 年第 20 届奥运会上获 5000 m、10 000 m 长跑冠军,并蝉联 1976 年第 21 届奥运会该两项的金牌。芬兰的其他运动员也由于服用花粉而大大受益。

(5) 敏感能力的观察:汽车司机服用花粉一个月,精神好,上午十点至下午两点不困乏,反应快,没有发生交通事故,受试的 50 名均有同感。

(6) 体质实验:日本通过对橄榄球队试验,证明运动员服用花粉后,背肌有力,握力提高,肺活量加大,并能有效地消除疲劳。在欧美、苏联和亚洲的许多国家的体育训练中已普遍重视用花粉来增进体质、耐力,消除疲劳。

(7) 生理指标观测:罗马尼亚专家 S. L. Avramoiu 于 1976 年报导,运动员服用花粉和蜂蜜后,机体素质、技术水平及各项生理指标均有改善。体重普遍增加 0.4~1.7 kg,皮下脂肪厚度没变化;营养指标由 384.4 g/cm 身高增至 398.8 g/cm 身高;肺活量由 85 cm^3/kg 增到 96 cm^3/kg;握力指数从 73% 增至 90%;肌肉松弛阈值从96降至90,肌肉收缩阈值从126升至130;自行车功量计测定表明吸氧量从 56.1 mL/kg 升至 86.5 mL/kg;氧脉搏从21 mL/次升至 46 mL/次。

此外,在血红蛋白、血液粘度、心率、血压、血和尿的生化指标、机体代谢、酶活性、身体素质、训练欲望、血活动量、做功量、心理和生理疲劳阈值等多方面都表现出明显的改善。分析还认为,花粉和蜂蜜能给运动员提供快速释放的能量,并不增加消化器官的过重负担;花粉同时还含有肌肉收缩所必需的常量和微量元素;酶则是使运动后能量恢复的重要生物活性物质。故而,花粉与蜂蜜乃是运动员非常理想的食品。

浙江体委研究花粉对训练影响的试验,在1983年6~8月间,给155名作中上运动量训练的运动员每天服用20 g 花粉,体重在80 kg 以上者服用30 g 花粉,连服一个月。结果,使过去常因大运动量和高温季节而出现的失眠、食欲下降、体重减轻和血色素下降等现象大大改变,多数运动员自我感觉良好,运动后疲劳消除快,各项生理指标伴随运动成绩的普遍提高而大有改善。抽样测定406人次,其中298人次身体素质指标及专项运动成绩的提高率为73.4%。

(八)花粉在保肝护肝方面的功效

肝脏是人体的合成器官和解毒器官,人体对食物消化吸收后多余的葡萄糖在肝脏内被合成糖元贮存起来;大部分的氨基酸在肝脏内进行蛋白质的再合成;进入机体的有害物质通过肝脏的氧化、还原、结合和脱氨等作用而被解毒,因而,肝功能的损害,对人体的健康十分不利。

肝炎是一种常见病,据调查,我国患肝炎的占4.35%,而许多实验表明,花粉对慢性肝炎有很好的治疗作用,花粉对肝细胞有很好的保护作用。

1. 花粉对肝炎的治疗作用

据 Cheorshien 报导，对 50 例肝炎病人（其中脂肪肝 25 例，慢性肝炎 25 例）服用花粉，每日服用花粉两汤匙。结果使患者的病情及胆红素、转氨酶等化验指标都有好转，表明花粉对肝炎有治疗作用。另据报导，以花粉治疗 212 例乙型病毒性肝炎，连续治疗 1~3 个月，结果使乙肝一系列的症状——乏力、纳差、腹胀、肝区痛——均有明显好转，其中恢复正常者分别有 79.1%，89.9%，85.1% 和 81.5%，肝胀有 22.0% 已消失，平均消失的时间为 18.63 天，并且肝功能已明显恢复，黄疸指数（SB）于治疗后平均 24.79 天内恢复正常者达 76.25%，血液 GPT 和 GOT 恢复正常率分别为 80.05% 和 64.71%。由此可见，花粉为乙型病毒性肝炎提供了良好的治疗药品。

2. 花粉对肝脏的保护作用

临床实验证明，花粉对肝脏有保护作用。1976 年，第二届国际蜂疗学术研讨会上，罗马尼亚 M. Ialomideanu 等报导了他们用花粉和蜂粮（蜂粮即贮存在蜂房内的供蜜蜂食用的花粉）治疗慢性肝炎 110 例的临床观察和实验研究结果。他们把 110 例不同性别的 8~80 岁的慢性肝炎患者分成两组：一组 63 例给服花粉团（由蜜蜂采集来的许多单粒花粉经蜜蜂粘合起来的花粉团状物，常称为原花粉，即未经人工加工过的花粉，称为花粉团）；另一组 47 例给服蜂粮，每日服用量为 30 g。经治疗，病例临床症状明显改善，主要实验指标血浆白蛋白/球蛋白（A/G）比值明显增加，接受花粉治疗的 90~180 天的 63 例血浆 A/G 比值从 0.85 ± 0.02 增至 1.26 ± 0.02（$P < 0.001$），用蜂粮治疗的 47 例在治疗 30 天后就获得了类似结果，这是非常难得的良好疗效。

我国应用花粉治疗慢性迁延性肝炎也收到了良好的效果。空军济南医院传染科等曾用花粉片剂（每日量 6 g）治疗 212 例乙型病毒肝炎，疗程 1~3 个月。结果表明，对改善自觉症状、消除黄疸和回缩肝脾有明显疗效，并能使肝功能好转。

花粉不但对肝炎有很好的疗效,而且对肝脏也有十分重要的保护作用。其机理在于花粉中含有十分丰富的全方位的营养保健成分,如各种维生素、氨基酸、常量及微量元素、核酸、各种激素等生物活性物质,这些成分对肝细胞内的线粒体和内质网的损伤有修复作用。花粉还可防止脂肪在肝脏中的积累,减轻对肝细胞的损伤,减少肝脂肪,对抗肝坏死,抑制中央静脉胶原纤维的形成,防止肝纤维化,故花粉不但能治疗肝炎,还可以防止脂肪肝和肝硬化,达到良好的保护肝脏的目的。

(九) 花粉在防癌抗癌方面的功效

1979年美国抗癌协会主席Arthur Uqrton曾发现花粉含有抗癌物质。随之,美国农业部依据花粉中含有抗癌基因的原理进行试验,确认花粉能预防乳腺癌的发生。据杭州大学王维义实验研究发现,用少量花粉饲养动物,可抑制试验动物乳腺癌的发生,并证明花粉能有效地阻止放、化疗的损伤,保护机体,同时有明显的抑瘤效应,而在临床应用中也有很好的抗瘤作用。德国医生赫纳斯发现花粉曾经有效地减轻宫颈癌患者放、化疗的副作用。美国贾维斯医生发现一患淋巴腺癌者,开始养蜂而食用花粉后,病情逐渐好转。

根据众多专家的多方面的研究发现,花粉具有抗癌作用的机理可能是花粉中的各种营养成分和多种功效因子可以激活免疫系统中的各种免疫器官的免疫功能,提高机体内免疫系统对癌细胞的杀伤能力,阻止癌基因和正常细胞DNA的紧密结合,从而阻止癌细胞的生成和扩散。实验证明,免疫系统中的T淋巴细胞对肿瘤细胞具有很强的杀伤力,此外,机体内的巨噬细胞对瘤变细胞的吞噬作用也是预防瘤细胞繁殖的有效手段。花粉对艾氏腹水瘤的生长具有明显的抑制作用,并可显著提高外周血T淋巴细胞的活力和Mϕ的吞噬百分率;花粉还可降低辐照动物急性期的死亡率,提高辐照动物的免疫功能。

1990年,上海某医院用花粉加放射治疗鼻咽癌38例,并进行了前瞻性研究。服用花粉组22例,男16例,女6例;对照组16例,男8例,女8例。对花粉组自放疗之日起每天服用花粉营养液20 mL,共四个月;而对照组仅作单纯的放射治疗,每周五次,总疗程为两个月左右。研究观察结果为:首先,对照组患者经放疗后出现明显的全体症状,如食欲减退、乏力等,还可引起严重的局部反应,如口干、咽部疼痛,以致患者厌食,导致明显的体重下降。而在临床观察中发现服用花粉患者食欲明显好转,乏力程度也较轻微,体重下降没有对照组明显,这可能是由于花粉中含有多种维生素、矿物质和活性酶,可促进机体新陈代谢,从而使患者食欲增进,体质增强且一般情况得到改善。其次,对照组放疗后细胞免疫功能明显下降,T淋巴细胞群分布紊乱,体液免疫检测结果表明IgG也比花粉组显著下降,而花粉组的T_4/T_8值明显高于对照组。T_4/T_8值能比较客观地反映细胞免疫状况和抗肿瘤能力。再次,本实验证明花粉对机体的免疫功能有一定的增强作用。如与放疗合用可以减少鼻咽癌的复发和转移率,提高近期疗效。花粉组两年无瘤生存率高于对照组,提示免疫功能较好的患者愈后也较好。如对接受放疗的肿瘤患者辅以花粉口服液治疗,可增强机体的免疫功能,并且可以提高疗效。

近年来的研究发现,花粉提取液中的多糖有很好的抑瘤和防癌作用,多糖类物质不但能治疗使机体的免疫受到严重损害的癌症,又能治疗多糖免疫疾病,还能治疗风湿之类的自身免疫疾病,有的还能诱导干扰素的产生。而且多糖作为药物毒性甚微,对正常细胞几乎没有什么影响,而多糖作为免疫功能促进剂在肿瘤的免疫疗法中起着重要的作用。

陆明等对花粉、花粉多糖、灵芝孢子抑制肿瘤作用作了对比研究。经研究发现,不论花粉、花粉多糖和灵芝孢子都对肿瘤具有明显的抑制作用,而且它们对癌细胞作用的共同有效因子为多糖,其作用的机理为都能大大增强机体的免疫功能,增强T淋巴细胞和巨噬细胞杀伤癌细胞和吞噬癌细胞的功能。其次,不同给药途径的效果也各不相同。给药的方式对于发挥药物的药效非常重要,对花粉多糖用静脉注射的方式给药其抑瘤率可以高达73.29％,而口服的多糖的抑癌率只有60％多。对上述花粉,花粉多糖和灵芝孢子抑癌效果的对比,以花粉多糖抑癌作用最为明显,不论在癌细胞的数量和癌的重量上都明显地小于对照组,抑癌率分别能达到55.1％和62％。灵芝孢子组作用次之,抑癌率分别为35.93％和39.5％。而花粉溶液的抑制效果最差,只有25％和36％。这种结果提示,在花粉中多糖可能是主要的抑瘤因子。当然花粉中的维生素、微量元素及各种酶类也具有一定的作用。所以花粉多糖可能成为一种很好的天然抑癌药物。

典型病例:杨桂兰,患乳腺癌,在医院经手术和放射治疗,住院两个月之后出院回家休养,白血球仅1000～1300,为增加白血球用过多种药物,效果不大,且开支过高。按医院要求,再次住院进行化疗,住院25天,化疗后,白血球降至1000～1100左右,头发脱光,不想吃东西,睡不好,无抵抗力,极易感冒。此时开始服用花粉,每三天100g,早晚各一次,服用半年后,头发全长出,能吃能睡,多次到医院进行全面复查,一切正常,白细胞已升至3400～4400左右,精神也好了,继续服用后,效果更佳,体力增强,未再服用其他药物。由此可见,花粉具有升高白血球的明显功效,大剂量的服用花粉,效果尤佳。

(十) 花粉在防治贫血方面的功效

当人体血液中所含的红血球数量减少到一定程度时,就会形成贫血,即血液供给不足。人体中的血液是维持生命不可缺少的物质,其一,血液可供给细胞氧气和营养,并将新陈代谢所产生的二氧化碳和废物排出体外。其二,血液还把各种腺体所分泌的腺素及酶、各种营养成分送到人体的各个器官,使各器官保持正常功能。其三,血液中的白血球对感染人体的细菌病毒发挥防御作用,以保护人体。

然而当血液中缺乏营养,特别是缺乏具有造血功能的营养成分,如蛋白质、铁、铜以及维生素 B_{12}、B_6 和维生素 C 时就会形成贫血。当然,如果造血组织骨髓的造血功能产生障碍也会得再生障碍性贫血,血液中铁含量不足就形成缺铁性贫血,如果人体失血过多也会贫血。事实上造成贫血症的基本原因是营养不良、营养素不足,特别是与造血功能的营养素缺乏和营养不均衡有关,所以治疗贫血症除了治标救急以外,主要还是靠日常生活的调养,特别是多摄取和造血有密切关系的营养素。而花粉是一种纯天然的完全营养食品,它含有造血组织所必需的全部的营养素。

日本医学博士增山忠俊在他所著《花粉食疗法》一书中指出:"花粉具有造血作用,有利健康。"某结核病疗养所,让病人连续一个月在用餐时食用花粉,即把花粉放入汤中食用,结果患者的血液每 $1 cm^3$ 就增加了 80 万个红血球。一个十岁以下的儿童,其红血球的数量平均为 450 万,由此可见,若能增加 80 万,其增血效果是相当优秀的。

医学研究和临床观察均证明花粉对贫血有良好的疗效。法国医生 R. Chauvin 等在 1957 年率先在《临床生理学和比较病理学》杂志上报导花粉的生理和医疗效用,他用两吨花粉对儿童和老人作食物的研究表明,花粉对贫血尤其是儿童的贫血疗效最为显著。

另据徐景耀等于 1991 年研究指出,花粉对治疗贫血和升高白血球均具明显疗效:3～5 岁营养性、缺铁性贫血儿童服用花粉,服用量为每日 6 g,分两次服用,治疗两周。治疗组的 31 例有 77.4% 痊愈,22.6% 好转,经花粉治疗贫血儿童的血红蛋白从 9.16 g/dL 增至 12.22 g/dL,红细胞从 328.9 万/cm^3 增至 456.8 万/cm^3,而对照组 28 例,贫血症状及生化指标均无改善,由此证明花粉对儿童缺铁性贫血有明显的疗效。

50 名缺乏维生素 B_{12} 的贫血病人,食用花粉几天后,症状明显改善，15～30天后血的化验结果表明病情有了好转。给一般贫血病人服用花粉两个月后，红细胞增加25%～35%，血红蛋白增加15%。另据报导，20例低血色素的贫血患者服用花粉一个月后，红血球、白血球、血红蛋白及血色素指数均有明显的增加。上述临床使用花粉治疗百余例贫血患者，结果均表明，花粉有明显改善贫血症状及化验指标的功效。据尹德元于1988年报导，以党参花粉治疗再生障碍性贫血14例，每日服用花粉20 g，3～6个月为一疗程，结果轻型在1～3个月显效，重型在3～6个月显效，治愈和缓解病情的病例，经骨髓片复查，恢复良好。此实验证明，花粉能促进造血组织功能恢复和血细胞再生，对机体的造血功能有重要功效。

国外有关这方面的报导也不少，据法国著名花粉学家A.卡亚于1968年记述，在巴黎某防痨院的儿童试验服用花粉1～2个月，结果红血球数量增多25%～30%，血红蛋白含量平均增多15%。苏联学者列那维捷斯基1974年在第二届国际蜂疗学术会上报告，用花粉治疗20例低血红蛋白性贫血患者（儿童9例，成人11例），全部只用花粉，不用其他抗贫血药物治疗。结果，红细胞平均上升100万～110万，血红蛋白上升2.2%～2.6%，血色指数上升0.1，而血沉却下降6～15。保加利亚医生在第29届世界养蜂大会上报导，用花粉治疗贫血患者50例，均获良好效果。

这里向读者介绍一例患严重再生障碍性贫血，经服用花粉两个月后获得奇效的例子。1996年一位年仅23岁的女大学生丽玲与严重的再生障碍性贫血病魔已经搏斗了十年，病魔摧残着她年轻的身体，全身免疫功能十分低下，脾胃功能很差，食欲不振、消化不良、失眠、心慌气短，每隔20～25天就输一次血，急需提高她的综合免疫功能，提高她的造血功能，而此时中西医对这个有十年病史的她已无能为力，病魔严重威胁着这个年轻女大学生的生命，全家为之到处奔走呼号。这时舒仲花粉公司的董事长舒仲先生，慷慨伸出援助之手，给丽玲寄去了挽救生命的"舒仲花粉精"，仅服用两个月,丽玲的病情就有了好转,精神体力明显好转,食欲、睡眠有很大的改善,特别是输血的间隔延长到 40 天。这是造血功能提高的表现,使她重新获得了活下去的勇气,并以顽强的毅力和病魔作斗争。

(十一) 花粉在防治糖尿病方面的功效

糖尿病是一种因胰岛素不足所导致的体内糖代谢紊乱,致使血糖升高的慢性进行性内分泌代谢病,对糖尿病的治疗主要为饮食疗法,并辅以运动疗法和药物疗法。

糖尿病发病的原因是胰岛中的 β 细胞的机能发生障碍或 β 细胞被破坏所致,而造成 β 细胞损害的原因是由于营养失衡造成的。人体所需要的各种氨基酸中,有一种色氨酸,人体对它的利用和吸收有限,多余的色氨酸要靠维生素 B_6 来调节,使其转化为对人体有益的物质。若维生素 B_6 不足,多余的色氨酸则会在人体内自行转化,变成一种化学物质——黄尿酸,当黄尿酸在人体内积累到一定的量时,它能急速在 24 小时内对胰岛的 β 细胞产生破坏作用,从而使胰岛丧失分泌胰岛素的能力,则形成了糖尿病。这样一个过程事先没有任何征兆,所以糖尿病是很难及时发现的。

糖尿病的主要症状是多尿及尿中含有葡萄糖,尿排出时会产生许多泡沫;其次是口干,食欲亢进,全身倦怠,进而引起性欲减退、月经不正常、皮肤病、神经痛、手脚麻木等。糖尿病本身不会对人体造成生命威胁,但糖尿病所引起的多种并发症,如昏睡、动脉硬化、心脏病、高血压、白内障、视网膜症、肾脏病、肺结核、脂肪肝等,往往会对人体健康造成巨大的威胁甚至危及生命。

糖尿病主要靠饮食疗法,应严格控制摄取过多的糖分,同时又必须补充治疗糖尿病不可缺少的营养素维生素 B_6 及矿物质钾。

花粉中维生素 B_6 含量丰富,可以控制色氨酸转变为黄尿酸,从而保护胰岛中的β细胞不受损害,维持胰岛素的正常分泌。另外,花粉中的钾元素可以维持人体中由于启动制造能量和热量的另一备用系统所消耗的大量的钾元素,以免造成糖尿病的并发病——肾脏疾病。而在花粉中,花粉中钾元素含量达 430.6～996.8 mg/100 g,是天然食品中含钾量最高的一种,补充足够的钾,促使人体的第二条备用系统能顺利工作,及时保证人体对能量和热量的需要,而不至于造成生命危险。

花粉中的各种常量元素和微量元素,对缓解糖尿病也有良好的作用。临床研究发现铬、锌、锰、铁及常量元素镁、钙、磷与糖尿病有特殊的亲和力,铬可以激活胰岛素,改善糖耐量,钙能影响胰岛素的分泌和释放,若磷低会使胰岛素在细胞膜上的结合异常,锌可维持胰岛素的结构与功能,镁则参与胰腺β细胞的功能调节,可改善糖代谢。对糖尿病人测定结果发现他们均缺锌、钙、镁,而在花粉中除含有常量元素钙、磷、钾、钠、镁外,还含有丰富的微量元素铁、铜、锌、锰、钼、硒等。

临床观察证明,服用花粉对糖尿病是一种安全有效的饮食疗法,在中外不少的治疗糖尿病的药物中都有花粉的成分。

据王台虎博士报导,糖尿病人食用花粉后,胰岛素有明显的增加现象;血糖高达 380 mg/100 g 左右的糖尿病患者,除医生的正常治疗外,每天食用花粉,连续 2～3 个月后,血糖可降至 150 mg/100 g 左右。新疆于兵报导,新疆伊犁农四师 76 团养蜂老人李保全患糖尿病,在全国投医治疗无效之后,服用花粉,每天 30 g,早晚冲茶服用,三个月不到,顽疾痊愈。

对Ⅱ型糖尿病(即非胰岛素依赖型糖尿病)的研究结果:30 名Ⅱ型糖尿病患者,20～69 岁,病程 1～17 年。每天餐前半小时服用花粉 10 g,每天三次,连服 30 天为一个疗程。治疗后血糖下降,由 71 mg/dL 降至 33 mg/dL,其中 29 例疗效显著(96.7%),无效 1 例(3.3%)。

（十二）花粉在美容护肤方面的功效

随着人们生活水平的提高和保健意识的增强，导致对美容护肤的要求日益强烈。爱美之心，人皆有之，这也是生活质量提高的标志之一。营养型化妆品是美容护肤的首选，它能充分发挥各种营养素在美容化妆品中的特殊功效，使化妆品具有保湿、抗皱、防晒、祛斑、除痘等多方面的作用，是当代美容护肤的发展方向。

花粉在保湿、抗皱、防晒、去斑、除痘等方面更能发挥令人满意的效果（图 4-7）。现将花粉的美容护肤作用的机理作一简单的分析。

图 4-7 梳妆台前一百次，不如一次纯花粉

花粉是纯天然、全营养、多功效的天然营养宝库。花粉不但种类齐全，而且配比均衡，具备营养型化妆品所必需的全部功能因子，集美容、保健和治疗三种功效于一体。在花粉中含有丰富的磷脂，它能调节细胞膜，提高渗透性，使营养能最大限度地深入真皮细胞。磷脂可以修复被自由基损伤的皮肤细胞膜，使膜的生

理功能得到正常发挥,从而加强皮肤的抵抗力和排除代谢物的能力。花粉中丰富的氨基酸呈极易被人体吸收的游离状态,这正是皮肤角质层中天然保湿分子的成分,它能使老化、硬化的皮肤恢复水合性,防止皮肤水分损失,保持皮肤的滋润。氨基酸中的胱氨酸和色氨酸,能极大地补充皮肤生长所需要的多种胶原蛋白,使皮肤丰满细腻,富于弹性,有效地舒展和消除皮肤皱纹。花粉中的维生素 A 源能维持上皮细胞分泌粘液的生理功能,使皮肤保持湿润和柔软,防止皮肤的粗糙和角质化。花粉中的维生素 E 有扩张毛细血管的作用,可改善血液循环,延长红细胞生存时间,增强造血功能。花粉中的核酸能促进细胞的再生和新老细胞的交替,使皮肤充满活力。

祛斑是美容的重要内容。皮肤斑点的形成是由脂褐素在细胞内的大量堆积和内分泌失调所引起的皮肤色素的沉着。而花粉中含有大量的活性酶,对分泌系统可以起到双向调节作用,使皮肤表层细胞加快更新,从而减淡已在皮肤上沉着的色素,同时还可预防斑点的形成。花粉中的维生素 C、维生素 E、黄酮类化合物、β-胡萝卜素、微量元素硒和 SOD 这些营养素的配合,能极有效地消除机体代谢过程中所产生的过量自由基,延缓皮肤衰老和脂褐素沉积的出现。

花粉还能防止青春痘的产生,因为维生素 A 可以维护皮肤上皮组织的健全,使毛囊不致角化,有利于皮脂排除和防止细菌感染,维生素 B_2 能促进饱和脂肪酸代谢以减少皮脂的过量溢出,皮肤不油腻,从而防止青春痘的发生。维生素 B_5 能保持皮肤滋润,防止青春痘恶化。维生素 B_6 能促进不饱和脂肪酸代谢和防止血管硬化。维生素 PP 能保持和改善毛细血管功能,促进血液将营养输送到皮肤层。花粉中的微量元素锌对青春痘伤口有加速愈合的作用。镁能催化维生素 B 族的酶产生,有利于抑制青春痘并加以根除。钾和磷脂能帮助脂肪代谢和排除,阻止青春痘出现。因此在临床应用上,花粉化妆品对除痘有特效。正是由于花粉中含有众多的营养素,因此在基料中添加花粉的化妆品,是全面符合人体皮肤需要的全营养型化妆品,是其他营养型化妆品所无法比拟的。

近年来,在国内外均有许多花粉在化妆品上的应用,出现了许多有名的花粉化妆品。如国际上著名的考递、兰可姆、沃伦和皮埃莱化妆品公司生产的花粉系列化妆品,法国的巴黎士花粉蜜,罗马尼亚布加勒斯特的蜂花净洗液、蜂花护发剂、花粉全浸膏,西班牙弗尔南德斯·阿罗约研制的花粉雪花膏,瑞典的花粉清洁霜,日本的花粉雪花膏、花粉美容霜等,均对护肤美容有很好的效果。

我国近年来也相继推出了一系列的花粉化妆品,如北京的花粉霜、花粉洗面奶,上海的花粉美容水、花粉雪花膏、花粉洗面奶、花粉香粉等。我国早在20世纪70～90年代就开发出不少花粉化妆品,如扬州谢馥春的花粉美容霜,杭州孔凤春厂的花粉美容霜,连云港生产的宝灵健美容霜、宝灵花粉香波。还有近期市场上流通的甘肃闺梦牌的花粉营养霜、花粉沐浴露、花粉洗发精,黑龙江的花粉爽肤宝、花粉眼霜,上海宝润堂的花粉菁华养颜霜、花粉菁华赋活霜、花粉赋活洗面奶,天津斯必得的花粉美容霜等。

关于花粉的美容护肤作用不但反映在外用的花粉化妆品上,而且也应当积极地研究开发用于内服的在养颜护肤方面具有明显功效的花粉养颜护肤品。日本在美容护肤方面总结为一句话,谓之曰"梳妆台前一百次,不如一次纯花粉"。法国巴黎的名模们几乎全部都在内服花粉。由此可见,口服花粉也同样起到美容护肤的作用。20世纪80年代北京的花粉健美酥、20世纪90年代北京的金王纯花粉都是属于口服的美容护肤品。

笔者认为,只有把外敷的化妆品和内服的美容护肤品结合起来使用,才能获得更好的美容护肤效果。

第五章 中国的花粉资源

一、概述

我国幅员辽阔,在 960 万平方千米的土地上,有世界驰名的高山大川,青藏高原上的喜马拉雅山是世界上最高的山脉,珠穆朗玛峰更是昂首天外,号称世界的第三极。在这些大山里、高原上生长着世界驰名的高山花卉,万紫千红的高山杜鹃漫山遍野。青藏高原上的瑞苓草,云贵高原上的野胡子、香茶菜花香扑鼻,粉源丰富;黄土高原上的百里香更是香飘万里,花粉丰盛;天山、祁连山和六盘山的香薷种类繁多,花粉花蜜采之不尽;天山、阿尔泰山的荆芥、牛至、老鹳草、大蓟花开四季,花粉极多;在中国北部的山区里荆条一望无际,花粉十分丰富。在我国还有世界著名的长江、黄河,它们的流域面积遍及大半个中国,流经十几个省区,不但是中华民族文化的摇篮,为我们提供了舟楫交通之便、水力发电之源,而且在大江两岸也浇灌出了丰富多彩的花粉源植物。在长江上游的金沙江两岸乌桕树绵亘千里,堪称天然的蜜、粉源库;黄河流域果园中不但每年可产出大量的苹果、桃、杏、梨等香甜水果,而且每年也同样产出大量的花蜜和花粉。我国还有起伏的丘陵、数不尽的大小湖泊、极目千里的沃野平原,在这些地域里花粉资源更是多种多样,难以计数。此外,在我国 15 亿亩的耕地上约有 4~5 亿亩的农作物,也可以为我们提供数以万吨计的花粉。玉米是我国种植面积最广的农作物,南至江南丘陵经长江中下游平原到广阔的华北大平原和东北的松辽平原上,一年三季(春、夏、秋)均可生长,而且种植面积之广、适应性之强、产量之高都是我国农作物中的佼佼者,玉米的雄花可以产生大量的花粉,成为我国目前最重要的花粉源植物。据研究,一棵正常发育的玉米雄花序上大约有 2000~4000 朵小花,每朵小花又可以产生花粉

解 读 花 粉

7500粒，那么一个玉米雄花序即可产生1500万～3000万粒的花粉。且不说玉米花粉可以人工采集，单是一群蜜蜂在玉米开花期日采花粉即可达150～200 g。一般在北方一个蜂群在玉米开花期能采花粉2～3脾，重达5 kg以上。就以1981年统计的数据，我国养蜂600万群计算，单玉米一项，蜜蜂在一年内即可采到花粉18 000吨，这是一个多么了不起的数字啊！

除此之外，在我国北方大面积种植的高粱、南方大面积种植的水稻也都是重要的花粉源作物。至于由蜜蜂采集的农作物的种类更多，如我国每年大约种植5000万亩油菜，从南到北在我国几乎一年四季都在开花传粉，在北方千里冰封的严冬季节，海南岛上油菜花已是一片金黄，而东北地区直到7、8月份油菜还在开花。明媚的春天华北大平原上的油菜花一望无际，蜜蜂往来飞舞，可以采集到大量的花粉和花蜜。油菜花中不但含有丰富的花蜜，而且也含有非常丰富的花粉，据统计，一朵油菜花最多有花粉70 500粒，平均一朵花也有47 650粒，以一棵中等的油菜可以生100朵花计，每棵油菜即可产花粉4 765 000粒，我国每年种植油菜多达5000万亩，单油菜花粉一项的产量就非常可观。另外，南方的紫云英有一亿多亩，是我国最大的作物蜜粉源；棉花和芝麻约一亿亩，主要分布在华北、东北和西北各省区；向日葵和荞麦各1000万～1500万亩，主产于东北、内蒙古和西北各省区，是我国秋季的一大蜜源和花粉源；我国尚有果树3000多万亩，特别是苹果、桃、杏、李等蔷薇科的果树品种的花粉不但具有非常高的营养价值，而且对某些疾病还有显著的疗效。如苹果花粉不但是一种大全大补药而且对预防心肌梗塞具有明显的疗效；山楂树的花粉是神经系统的平衡剂，可以治疗头昏、忧虑、心悸并可缓和血液循环功能的紊乱。

由此可见，我国花粉资源蕴藏量之丰富的确是取之不尽、用之不竭(图5-1)。

154

第五章　中国的花粉资源

图 5-1　中国地大物博，花粉资源丰富

我国复杂的地理环境为我们提供了如此丰富的花粉源植物，而在我国不同气候条件下也繁殖着大量的不同种类的花粉源植物，为我们提供了大量的花粉资源。我国由于地域辽阔，跨越地球上四大气候带，从我国最南边疆接近赤道的北纬 4°左右开始经过热带至我国广东、海南岛、台湾各省区，橡胶树、大叶桉、柠檬桉则是重要的蜜源植物，在亚热带内特有的荔枝、龙眼、枇杷、柑橘等各种南方果树的花粉和花蜜都十分丰富。在温带气候条件下蜜、粉源植物的种类更为繁多，除各种温带果树以外，各种温带瓜菜的花粉也十分丰盛，如菊科中的蒲公英、大蓟，十字花科的各种菜类(芥菜、萝卜等)，禾本科中的各种作物(玉米、高粱、谷子)，豆科中的槐树、豌豆、锦鸡儿等都是温带的重要花粉源植物。在我国西北地区的干旱气候条件下也有它特有的花粉源植物，如沙枣、苋科的青箱、老瓜头、牛至及草原老鹳草等均是丰富的蜜、粉源植物。即使在寒冷的东北区的寒温带气候之下也有像胡枝子、悬钩子、毛茛科的唐松草等十分丰富的花粉源植物。

从花粉源植物的分类系统分析，裸子植物中的松科和杉科都产生大量的花粉，特别是松科的花粉产量之大是十分惊人的，以欧洲为例，在其南部的一个云杉林，每季每公顷可产花粉 75 000 吨。而我国早就有食用松树花粉的习惯，在我国南方江、浙一带就用松树花粉做成松花团子食用。松树花粉可以清热、解毒，中药上也早已应用松树花粉,称之为松黄(因松树花粉为黄色)。另外南方的杉科花粉也十分丰富,在西北干旱地区麻黄科的花粉也是重要的花粉源。至于被子植物的花粉种类更多,从生态类型上看,包括木本植物、灌木类、草本类三大类型。从用途上分,包括作物、果树、蔬菜、瓜类、牧草、林木、花卉、药用植物、香料植物等。我国11亿亩森林中有许多蜜源树种均能提供大量的优质花粉和花蜜,如东北林区的椴树约500万亩可产生供出口用的优质椴树蜜,华北地区的洋槐1500亩,枣树600万亩是我国夏季的大蜜源,另外如南方的桉树、东南沿海的荔枝和龙眼等均是重要的林木类的花粉源植物。

在我国的崇山峻岭、起伏的丘陵、广阔的草原上灌木类的花粉源植物也十分丰富,杜鹃花含有十分丰富的花蜜和花粉,其分布几乎遍及全国各地,在青藏高原上每年4、5月份万紫千红的杜鹃花开遍了高山原野,为我国三大高山花卉之一。豆科的白刺花为重要的夏季蜜源植物,白刺花耐寒、耐旱,适应性强,分布广,从云贵高原到秦岭山区,从黄土高原到西北的吐鲁番盆地到处都能大面积地生长。至于我国草原类的蜜、粉源植物则更为丰富,分布也十分广泛。从南方大面积播种的红花草(紫云英)到全国广为栽培的油菜,由干旱地区广为栽培的紫苜蓿到油料作物的向日葵,从西北地区大片野生的香薷到东北三江平原上大量繁殖的水苏子(毛水苏),都是重要的草本蜜、粉源植物。

由于我们对花粉作为一种重要的生物资源认识还非常肤浅,对我国的花粉资源实地调查了解得更为不够,上述所谈到的仅仅是我们目前了解到的我国花粉资源的很小的一部分。可以想见,经过我们进一步调查了解,将会了解更加丰富多彩的花粉资源。由于花粉资源是取之不尽、用之不竭的万世之宝,它的蕴藏量是人们无法用数字来计算的。因为丰富的蜜源植物每年都在产生着大量的花粉和花蜜,今天采了明天还能生长出新的花粉,今年花期开过又有更加丰收的明年、后年……植物总会不停地传种接代,随之也不断地生长、开花产生花粉,而且花粉资源开发上的特点是它不像开发矿产资源那样需消耗大量的人力和资金,花粉的采集可以靠蜜蜂代人去采收,所以花粉资源是一种用途广泛、意义重大、物美价廉的天然资源。在我们伟大祖国的 960 万平方千米的大地上到处都是花粉资源的产地,随着人们对花粉资源认识的不断加深,随着经济发展的需要和人民生活水平提高后对花粉资源需求量的逐渐增大,我国对花粉资源开发和利用的新高潮必将会很快到来。为迎接这个高潮的到来,我们必须首先作好充分的思想准备和基础理论知识的武装,作好实地调查研究,初步弄清我国花粉源植物种类、分布、数量、特点等基本资料,这样才能够适应对花粉资源进行开发利用的需要。

二、中国重要花粉资源植物及花粉

我国花粉源植物种类十分丰富,分布非常广泛,但由于我国花粉源植物的研究还刚刚开始,了解非常局限,现就已经初步了解到的一些重要花粉源植物及其花粉的形态特征作一概括的介绍,以作为今后对花粉资源进一步开发和利用时的参考。

(一) 裸子植物类

裸子植物中许多科属都是重要的花粉源植物,雄花多为风媒花,花粉产量大,具有重要的开发价值。

1. 松属(*Pinus*)

植物性状:松属是松科中一个大属,共有几十种,如马尾松、油松、黑松等,松属为常绿乔木,树形高大,大枝轮生斜伸或平展,枝有长枝和短枝两种,短枝顶端丛生;线形或针状叶,针叶常为 2,3,5 针组成一束;球花单性,雌雄同株,雄花生于新枝下部,聚集成穗状花序,雌花单性,生于新枝近顶端,形成雌球果(图 5-2)。

花粉形态:花粉由本体和两个气囊组成,大小以 50～100 μm

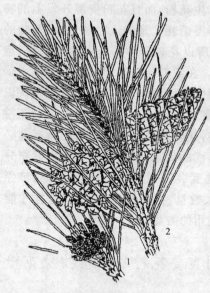

图 5-2 油松的雌、雄球果

最为常见,本体近圆形,表面具颗粒状纹饰,气囊由半圆形至圆形,表面上具网状纹饰(图 5-3)。

松属花粉为风媒传播的花粉,所以个体较大,数量很多,每年春天开花季节花粉由风吹扬到天空,肉眼可以清楚地看到许多黄色的粉末(即花粉),大量松属花粉纷纷降落到地面上,每年松树开花之后在松林内的地面上可以看到一层黄色的花粉,可见花粉产量之大。

生境分布:松属约 100 个种,主要分布于北半球,我国有 20 多个种,分布于全国各省区。在我国北方主要为油松(*Pinus tabulaeformis*)和白皮松(*Pinus bungeana*),山地有华山松,内蒙古一带有樟子松等。而我国南方则以马尾松(*Pinus massoniana*)、黄山松(*Pinus taiwanensis*)等为主,在山区可以形成大面积森林。

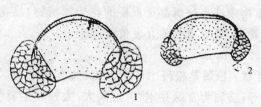

图 5-3 松属花粉

1—双束松亚属;2—单束松亚属

花粉的意义:松属花粉在中药中早已用做清热解毒剂,又可以吸湿拔干。我国南方很早以前就有食用松树花粉的习惯,每当过年时将松树花粉混入面粉中做成糕点。关于松树花粉的化学成分研究最多的为马尾松的花粉,其主要有效成分和蜂花粉基本上相近,相比之下,氨基酸、蛋白质的含量较蜂花粉略低,而它的微量元素的含量和种类略高于蜂花粉。我国对松花粉的开发利用最早,至今已经开发出多种营养保健品。

2. 杉属(*Cunninghamia*)

植物性状:杉属是杉科(Taxodiaceae)的一个重要属,常绿乔木;叶在枝上呈螺旋状排列,形成两列式,叶子线状,披针形,坚硬边缘有细锯齿;雌雄同株,雄花40～50个聚集成球形花,生于枝顶,雌球果单生或3～4个簇生于枝梢,球果球形或卵圆形,种子扁平,两侧有翅(图5-4)。

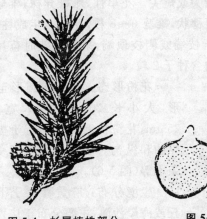

图5-4 杉属植株部分

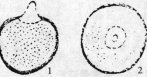

图5-5 杉属花粉
1—赤道面观;2—极面观

花粉形态:花粉粒为近球形,个体大小25～40 μm,在远极面上生有一乳头状突起,外壁在突起部位一层较薄,其余部分外壁分为两层,表面具颗粒状纹饰(图5-5)。

生境分布:杉属为亚热带树种,喜生于温暖湿润气候,适于肥沃的酸性红壤土，广泛分布于长江流域以南各省区，在山区可以形成大面积的杉木林。

花粉的意义：杉属的雄花数量很多，而且花粉的含量也大，是裸子植物中花粉产量较大的一类植物。该花粉常常被蜜蜂采集作为食料，对提高蜜蜂体质具有一定的作用，但人类至今尚未很好地利用该属花粉。相信对该花粉经过进一步的分析、测试，详细了解它的化学成分后，该属花粉对人类不论医疗或营养方面都会具有很大的实用价值。所以今后应当加强对该花粉的研究和认识。

3. 麻黄属（*Ephedra*）

植物性状：麻黄属为麻黄科中的一个单属，为小灌木，常呈草本状，植株一般高约 20～40 cm，木质茎常匍匐于地上，绿枝直立，节间细长，具棕色髓心；叶膜质，鞘状，包于茎部，分裂几达基部，裂片为锐三角形，先端渐尖或短尖。花单性，雌雄异株，雄球花具多数密集的雄花，或成复穗状，雄蕊 6～8 枚，花丝合生成柱状，伸出苞外；雌球花多单生于枝端或侧枝顶端，果实成熟时苞片膨大成肉质，红色，近球形，内含种子 2 粒。

图 5-6 麻黄属花粉

花粉形态：花粉椭圆形至纺锤形，大小长 20～60 μm，宽 15～25 μm，花粉粒上具有平行于极轴的纵肋和纵沟。肋和沟的数目 3～10 条不等（图 5-6）。

生境分布：麻黄喜生于干旱沙丘或海岸沙滩，主要分布于广西北部地区和内蒙古、河北、山西、河南、山东一带。

花粉的意义：麻黄花粉产量丰富，雌花中花蜜也多，它是干旱地区蜜蜂喜欢采集的重要的蜜、粉源植物。该花粉也是蜜蜂的食料。由于该植物的枝叶可以入药，有镇咳、止喘之功效。麻黄的花粉化学成分及其医疗效果虽未曾研究过，可以想见，该花粉也可能具有一定的医疗价值，有待今后进一步去研究开发。

(二) 被子植物类

被子植物为植物界最高等的植物类群，许多被子植物的根、茎、叶、花、果实、种子是人类衣、食、住、行的主要物质来源，同样许多被子植物的花粉也逐渐成为人类生活的重要物质之一，特别是许多花粉不但是高营养物质而且对治疗某些疾病也具有明显的疗效。因而对被子植物花粉的研究已经引起科学家们的广泛重视。很多被子植物不但花粉产量大，而且易于采集，其中不少花粉已经被广泛应用于食品工业、医药卫生等方面。下面我们即将介绍的一些被子植物的花粉大多是产量大，将来有可能被进一步开发和利用的种类。

1. 柳属（*Salix*）

植物性状：柳属为杨柳科中一个大属，落叶乔木或灌木；单叶互生，有短柄，常为披针形或线形，有的为卵圆形，全缘或有锯齿，羽状脉；花雌雄异株，具荑荑花序，先叶后花或花叶同时开放，雄蕊 2～20 个，花丝分离或基部合生，雌花子房一室，柱头 2～4 个，蒴果，种子长椭圆形，具白色冠毛（图 5-7）。

图 5-7 柳属植株
1—枝叶；2—花序

图 5-8 柳属花粉

花粉形态：花粉赤道面观为椭圆形，极面观为近三裂圆形，大小 15～35 μm，花粉具三沟，沟细长几达两极，外壁两层，外层具有柱状构造，表面具细网状纹饰(图 5-8)。

生境分布：柳属约 350 种，主要产自北半球温带，我国约有 200 多种，广布全国，以温带居多。柳属喜生于河边、林缘潮湿处，但也有耐旱的种类。适应性强，柳属一般早春开花。

花粉的意义：柳属花粉产量大，易采收，临床服用具有清热解毒之功效，也有镇痛补体之功，据研究柳树花粉还有保肝护肝的作用，是一种具有开发价值的花粉。另外柳属花粉由于开花早，花期长，花蜜、花粉均十分丰富，因而在养蜂上也具有十分重要的作用，如在东北林区内柳树集中生长区，一年内在柳树开花期一群蜜蜂可采花粉 5 kg 以上，但由于柳树很少形成纯林，故常混杂有其他植物的花粉。

2. 榛属（Corylus）

植物性状：榛属为桦木科(Betulaceae)中一常见属，落叶灌木或小乔木；叶互生，卵圆形至倒卵形，末端骤尖，基部心形，边缘具不规则的重锯齿，中脉粗强，侧脉明显；雌雄同株，先叶开花，具葇荑花序，雄花序 2～3 个，着生于小枝的顶端，下垂呈穗状，由许多覆瓦状排列的苞片组成，每一苞片内有二叉状的雄蕊 4～8 枚，雌花苞藏于鳞芽内，仅花柱突出，果实球形，1～4 个簇生于枝顶(图 5-9)。

图 5-9　榛属植株　　　图 5-10　榛属花粉

花粉形态：花粉圆三角形，赤道面观为近椭圆形，直径大小 20～35 μm，具赤道三孔，孔口处不分离，孔室不加厚也不变薄，以此特点和桦属花粉相区别，外壁两层，表面具颗粒状纹饰（图 5-10）。

生境分布：该属约 20 种，分布于北美、欧洲和亚洲，我国约 12 种，分布于由东北至西南的山坡、林缘或杂木林中。

花粉的意义：榛属花粉产量大，植物分布广，是重要的花粉源之一，但国内尚未对榛属花粉的化学成分、医疗功效作分析研究，是一种有待研究的重要花粉资源。

3. 栗属（*Castanea*）

植物性状：栗属为壳斗科的一个重要属，落叶乔木或灌木，小枝无顶芽，幼枝被灰褐色绒毛；叶长椭圆形或椭圆状披针形，边缘具锯齿，顶端尖或短尖，基部圆形或宽楔形，叶脉羽状，侧脉粗强直达边缘并进入锯齿顶端；花单性同株，雄花聚集成荑黄花序，直立腋生，具 10～20 个雄蕊，雌花生于枝条上部的雄花序基部，雌花 2～3 朵聚生于一有刺的总苞内，种子生于壳斗内，为褐色坚果（图 5-11）。

图 5-11　栗属植株　　　　图 5-12　栗属花粉

花粉形态：花粉赤道面观为椭圆形，大小 12～25 μm，具三孔沟,沟细长几达两极,三孔明显,外壁分层不明显,表面光滑(图5-12)。

生境分布:栗属约10种,分布于北温带,我国有4种,其中的板栗(*Castanea mollissima*)和锥栗(*Castanea henryi*)的果实为我国常见的食用干果。该属多为栽培,喜生于向阳干燥、沙质土壤中,在我国大约分布于北纬 $18°30'\sim40°30'$ 的广大区域内。

花粉的意义:栗属花数量极多,花期较长,为重要的花粉源植物。栗花粉中的有效成分和一般花粉基本一致,惟在栗花粉中雌性激素的含量较高,有益于女性中老年人服用。栗在我国北方分布很广,果实亦具有丰富的营养。

4. 葎草属(*Humulus*)

图 5-13 葎草植株

植物性状:葎草又名拉拉秧,属于大麻科(Cannabinaceae),为一年生或多年生草质藤本,全株具倒钩刺;单叶对生,叶片掌状5~7裂,裂片卵状椭圆形,先端尖,边缘具粗锯齿,两面具刺毛,具长柄;花单性,雌雄异株,雄花小,黄绿色,呈圆锥花序,雌花生于覆瓦状排列的苞片内,排成一假葇荑花序,瘦果,卵形,坚硬(图5-13)。

花粉形态:花粉为球形,极面轮廓为圆形,大小 $23\sim28~\mu m$,具三孔,均匀分布于赤道面上,孔处外壁外层略加厚,形成孔环,外壁层次不清,表面具细颗粒状纹饰(图5-14)。

生境分布:该属有4个种,分布于北温带,我国除新疆、青海外均有生长。喜生于田野、路旁、沟边、河岸。

花粉的意义:葎草花粉产量很大,植物不但分布广,且能很快地大量繁殖,因而其花粉可以被大量收集起来,也是一重要花粉源植物。葎草花粉是蜜蜂的重要食料,但它对人类的营养价值和医疗效用尚不清楚,而据医学观察,葎草的花粉可以使人体致敏,

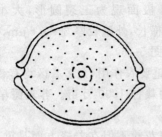
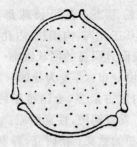

图 5-14　葎草花粉

是花粉病的致敏病源之一,如在上海地区葎草的花粉就是一重要的花粉病源,所以今后应加强对葎草花粉产量和传布规律的研究。

5. 荞麦 (*Fagopyrum esculentum*)

植物性状:荞麦为蓼科(Polygonaceae)一栽培作物,一年生草本,植株高 40~100 cm,茎直立,多分枝,光滑,淡绿色或红褐色;叶互生,下部叶有长柄,上部叶近无柄或包茎,叶片近三角形或卵状三角形,顶端渐尖,基部心形,全缘;花序总状或圆锥状,顶生或腋生,花梗细长,花白色或粉色,萼片六枚,花被深裂,雄蕊 8,基部有蜜腺,子房三角形,花柱 3,柱头头状,瘦果,卵形,具三棱,顶端尖,褐色(图 5-15)。

图 5-15　荞麦植株

图 5-16　荞麦花粉

花粉形态：花粉长球形，极面观为三裂圆形，大小 38～71 μm，具三孔沟，沟细长，内孔横长，外壁较厚 3～3.6 μm，分层不明显，表面具明显的网状纹饰（图 5-16）。

生境分布：荞麦为我国一重要农作用，大多省区均有栽培，以西北、内蒙古最多，全国每年约栽种 1000 万亩。荞麦耐旱、耐贫瘠土壤，发育期短，性喜温凉。

花粉的意义：据研究，荞麦花粉不但在养蜂方面是重要的蜜源植物，更重要的是荞麦花粉中含有丰富的芸香苷，这种芸香苷物质因首先从芸香（*Rula montana*）中提炼出来而得名。芸香苷对人体的毛细血管壁具有很强的保护作用，它可以防止流血不止，减少血液凝固所需要的时间，增强心脏的收缩，使心跳速度减慢，因此可治疗心悸、心脏红斑和毛细血管脆弱等疾病。我国荞麦种植面积很大，花粉十分丰富，而且具有很高的医疗价值，因此荞麦花粉资源是我国目前亟待开发的项目。

6. 碱蓬属（*Suaeda*）

植物性状：碱蓬为藜科（Chenopodiaceae）植物，一年生草本，高 20～80 cm，绿色，晚秋变红色，茎直立，有紫红色条纹，常由基部分叉，枝纤细；单叶互生，线形或圆柱形，肉质绿色，顶端尖或钝，无柄；花簇生，3～5 朵生于枝上部的叶腋，花杂性，花被 5，深裂，雄蕊 5 枚，伸出花外，柱头两枚，胞果球形，种子卵形或近圆球（图 5-17）。

花粉形态：花粉圆形，直径 20～30 μm，具散孔，孔数目 40 个左右，孔径 2 μm。外壁薄，分层不明显（图 5-18）。

生境分布：本属约 40 种，广布于全球的海岸、盐碱滩上，我国有 21 种，产于沿海各省。该属植物喜生于海滨盐碱滩地，是盐碱土的指示植物。

花粉的意义：该属花粉数量多，分布广，为花粉源植物，据记载藜科中绝大多数的属（如藜属 *Chenopodium*，滨藜属 *Atriplex*，地肤属 *Kochia* 等）不但花粉形态特点相近（都是球形，具散孔类型），而且花粉数量都很大。所以整个藜科植物可以说是一种重要的花粉源植物。由于尚未对藜科花粉的化学成分、医疗功效和营养价值进行深入的研究,尚属待开发研究的花粉资源。

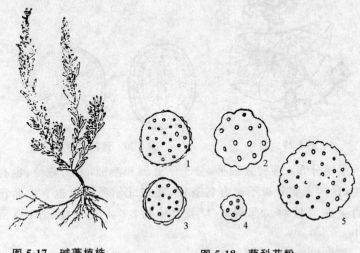

图 5-17　碱蓬植株

图 5-18　藜科花粉
1—碱蓬属(*Suaeda*);2—滨藜属(*Atriplex*);
3—猪毛菜(*Salsola*);4—假木贼属(*Anabasis*);
5—地肤属(*Kochia*)

另外,藜科中某些属的花粉可以引起花粉过敏症,因而也应当进一步研究藜科花粉的产生、传播的规律。

7. 莲属(*Nelumbo*)

植物性状:莲属为睡莲科(Nymphaeaceae)一重要属,为直立水生草本,根茎平伸粗大;叶肥大近圆形,直径 30～60 cm,常突起在水面之上,叶柄长而且具刺;花又称荷花,花单生于柄顶,花大红色、粉红色或白色,雄蕊多数,花托圆锥形,花败后肥大为莲房,坚果,椭圆形或卵形(图 5-19)。

花粉形态:花粉近球形,极面观为三裂圆形,个体大,大小为 60～70 μm,具三沟,沟宽,具沟膜,上有粗颗粒,外壁较厚,4～5 μm,外壁的外层厚于内层,表面具短基柱形成的颗粒状纹饰(图

5-20)。

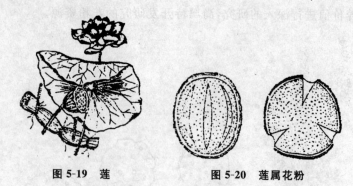

图 5-19　莲　　　　图 5-20　莲属花粉

生境分布：莲属共三种，分布于亚洲和澳洲，多为栽培，也有野生，我国主要分布于南方各省区，在东北沼泽地中也有大面积的野生莲属植物。莲属既为水生植物，多生长于湖、塘、池沼之中。

花粉的意义：莲属花粉十分丰富，在养蜂中是一良好的花粉源植物。莲属花粉的营养价值、医疗功效均堪称花粉之佼佼者，故有人称其为花粉之王。据美国康奈尔大学摩尔斯教授研究，荷花花粉的营养成分高于任何花粉，不但有效成分的种类齐全，而且配比合理，特别是该花粉中含有多种不饱和脂肪酸，对肝炎、糖尿病、心脑血管疾病、前列腺炎(肥大)、肠胃炎等多种疾病均具有一定的功效。对人体的美容护肤、强身、益肾、增智等方面的作用也非常明显。

8. 油菜（*Brassica campestrie*）

植物性状：油菜又名芸香、菜苔，属十字花科（Cruciferae）芸苔属（*Brassica*）植物，为一年生或两年生草本，根圆锥形，植株高 30～90 cm，茎粗壮，直立，单生或分枝无毛，微带分霜；基部叶羽状分裂，顶生叶片圆形或卵圆形，侧生叶片 5 对，呈卵形，下部茎生叶羽状半裂，基部扩展抱茎，上部茎生叶提琴形或披针形，基部心形抱茎，有垂耳，全缘或波状细齿；花黄色，排成总状花序，花瓣

4,花中具 4 个蜜腺,长角果,近圆柱形,种子球形一列(图 5-21)。

花粉形态:花粉近球形,极面观为三裂圆形,大小 27～50 μm,具三沟,外壁两层,表面具网状纹饰(图 5-22)。

图 5-21 油菜植株   图 5-22 油菜花粉

生境分布:油菜为我国重要的油料作物,栽培面积大,分布区域广,品种多,适应性强,喜生于土层深、土质肥的湿润土壤。我国年栽培达 4500 万亩,分布于全国各省区。

花粉的意义:油菜花粉不但产量大,而且分布面积广,易采取,每年早春蜜蜂采集大量的油菜花粉团。油菜花粉在我国已被广泛地开发和利用,目前国内已有不少单位专门出售油菜花粉。油菜花粉除了供蜜蜂采食之外,大量油菜花粉被利用作营养品、花粉食品中的重要原料。据研究,油菜花粉还对静脉曲张性溃疡具有疗效。

9. 苹果树(*Malus pumila*)

植物性状:苹果树为蔷薇科(Rosaceae)苹果属(*Malus*)一重要果树,落叶乔木,多分枝;单叶互生,叶片卵圆形至宽椭圆形,先端急尖,基部宽楔形,边缘有锯齿;伞形花序具花 3～7 朵,白色,含苞未放时为粉红色,雄花蕊 20,花柱 5,果实近扁圆形(图 5-23)。

图 5-23 苹果植株

图 5-24 苹果花粉

花粉形态：花粉为扁球形，极面观为钝三角形，大小(30～37)μm×(32～45)μm，具三孔沟，个别为四孔沟，沟长几达两极，孔不明显，外壁二层，外层厚于内层，表面具颗粒状或条纹状纹饰（图 5-24）。

生境分布：苹果属约 35 种，分布于北温带，我国有 20 种，以苹果树广为栽培，约有 1000 万亩，主要分布于辽东半岛、山东半岛、河南、河北、山西、陕西、四川等地，并大面积栽种为果园。在新疆的伊犁地区也有大面积的野生苹果林。

苹果花中不但花蜜十分丰富，花粉产量也很大，是重要的蜜源植物，由于我国大面积栽培，因而其花粉具有很大的开发利用价值。

花粉的意义：据研究，苹果花粉不但具有多种营养的化学成分，人称"十全大补药"，而且对预防心肌梗塞具有明显的疗效，因而国内外的科学家们对苹果花粉的开发和利用非常重视。目前我国由于对苹果树广泛施用农药，对花粉、花蜜都会产生不良影响。所以必须进一步改革施用农药的类型，以尽量减少对花的污染，这样苹果的花粉即可以大量投入开发利用之中。

10. 山楂属（*Crataegus*）

植物性状：山楂属为蔷薇科中另一重要的果木品种，落叶小乔木,枝有刺;单叶互生,叶宽卵圆形,先端渐尖,基部楔形或截形,边缘深裂 3~5 次或有重锯齿,叶柄细长;花为顶生的伞房花序,花萼钟形,裂片 5,雄蕊 5~25,子房下位,1~5 室,中轴胎座,果近球形,深红色,为北方很受欢迎的水果之一(图 5-25)。

图 5-25 山楂属植株

图 5-26 山楂属花粉

花粉形态:近球形,直径 35~55 μm,极面观为三裂圆形,赤道面观为长椭圆形,具三孔沟,三沟几达两极,孔不明显,外壁两层,等厚,表面具细条纹状纹饰(图 5-26)。

生境分布:该属约 1000 种,分布于北温带,以北美洲最多,我国有 20 种,各省均有产出,以山楂(*Crataegus pinnatifida*)在我国北方各省栽培最广。该属适应性强,能耐寒耐干,贫瘠土上亦可生长,野生种多分布于海拔 1000~1500 m 的山坡、林缘或灌丛中。

花粉的意义:山楂属花粉产量十分丰富,分布广泛,是我国北方很有发展前途的花粉源植物之一。山楂属花粉在养蜂上具有重要的实用意义。据研究山楂的花粉也具有较高的医疗价值,它可以退热,是一种神经系统的平衡剂和止痛剂,尤其可作为强心剂,可医治头昏、忧虑、心悸,一般还可缓和血液循环功能紊乱和心绞痛。如若将山楂花粉收集起来用于医学,将是一种很好的花粉药物。而且山楂花粉中还含有多种营养成分,服用花粉类的药品不但没有任何副作用,而且还能收到医疗和营养双重作用,所以对山楂花粉的进一步研究利用是我国当前花粉资源开发中很值得重视的。

11. 蔷薇属(*Rosa*)

植物性状:落叶灌木,有时枝细长作蔓状或攀缘状,分枝多而细长,茎上有刺;叶互生,奇数羽状复叶,小羽片3~15不等,叶长椭圆形或卵形,先端尖或圆,基部楔形,边缘有锯齿;花单性或排成伞形花序、圆锥花序,花瓣5,有时有重瓣,雄蕊多,果球形,成熟后为红色(图5-27)。

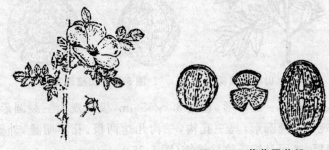

图5-27 蔷薇属植株　　图5-28 蔷薇属花粉

花粉形态:花粉为圆形、近圆形,直径23~55 μm,极面观为三裂圆形,赤道面观为椭圆形、长椭圆形,具三孔沟,三沟长几达两极,而且较宽,外壁两层,等厚,表面具细条纹状纹饰(图5-28)。

生境分布:蔷薇属约150种,广布于北温带和热带高山区。我国约100种,遍布全国各地,以北方诸省尤为广泛,蔷薇属适应性强,耐寒耐旱,喜生于向阳干燥的山坡、路旁、林缘、灌丛中。

花粉的意义:蔷薇属花粉不但数量多,而且种类繁多,分布广,花期长,蜜蜂乐于采集蔷薇属的花粉。但至今尚未对蔷薇属的花粉进行深入研究和利用。据研究,蔷薇属花粉不但具有很高的营养价值,而且也具有重要的医疗作用,在欧洲用野蔷薇的花粉治疗肾结石有显著疗效,而且有利尿之功效。因而对蔷薇属花粉资源的开发和研究也同样具有十分重要的实际意义。

12. 柑属（*Citrus*）

植物性状：柑属为芸香科（Rutaceae）一重要的亚热带果木树种，如我国常见的柚子（*Citrus grandis*）、广柑（*Citrus sinensis*）、柠檬（*Citrus limon*）等均为柑属，柑属为常绿小乔木或灌木；叶互生，单小叶，卵形，先端钝，基部叶柄具翼，叶片间有节；花通常为两性，雄蕊15或更多，子房8～15室，花柱脱离，果大，球形或扁球形（图5-29）。

图5-29 柑属植株

图5-30 柑属花粉

花粉形态：花粉近球形、长球形或扁球形，极面观为4～5裂圆形，大小为26～36 μm，具4～5孔沟，多数为四孔沟，少数为三孔沟，沟一般细长，内孔横长，孔沟交叉形成十字形；外壁厚2.6～3.9 μm，内外层的厚度几乎相等，一般基柱明显，表面具清楚的网状纹饰（图5-30）。

生境分布：该属约20种以上，分布于东亚和马来西亚，我国约有10种，其中大多数为我国南方的重要果树，主要分布于长江流域以南各省区。性喜温暖湿润的酸性土，在山坡、平原可大面积栽培成林。

花粉的意义：柑属不但产生大量的花蜜，而且也产生大量的花粉，所以柑属花粉在养蜂上具有十分重要的意义。据研究，柑属花粉具有强壮身体、健胃、驱虫之功效，此外还是一种很好的镇静剂，具有镇定、安眠的效果。所以对柑属花粉的采收利用不但具有极高的营养价值，而且也具有一定的医疗效果。因而柑属花粉为今后花粉资源开发的重要对象。

13. 冬青属（*Ilex*）

植物性状：冬青属为冬青科（Aquilifoliaceae）中一重要属，乔木或灌木；叶互生，常绿或落叶，叶片椭圆形、披针形、卵形，革质，叶面光滑，先端尖，基部楔形，全缘或具锯齿；花单性，异株，有时杂性为腋生的聚伞花序或伞房花序，花瓣和雄蕊通常为4，有时更多，果为球形，浆果状核果（图5-31）。

 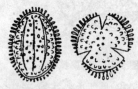

图 5-31　冬青属植株　　　图 5-32　冬青属花粉

花粉形态：花粉为椭圆形，极面观为三裂圆形，赤道面观为椭圆形，大小 30～40 μm，具三孔沟，沟较宽，内孔横长而窄，常不明显，外壁厚 2.4～4.3 μm，表面具清楚的鼓棒状纹饰（图5-32）。

生境分布：该属约400种，广布于南北美热带和温带、亚洲、欧洲、澳洲也有分布，我国有118种，长江流域以南各省区盛产之。该属大多数喜生于我国亚热带的湿热气候，野生于山坡、谷地、溪边、林缘、灌丛或低、中海拔的山区，有的广为栽培。

花粉的意义：冬青属大多种都产生大量的花粉，对养蜂具有重要意义，此外冬青花粉还可大量采集供人类利用，因而冬青属的很多植物均为重要的花粉源植物，值得今后在花粉资源开发中认真研究和利用。

14. 胡麻属（*Sesamum*）

植物性状：胡麻属为胡麻科（Pedaliaceae）中的一个重要属，

其中如芝麻(*Sesamum indicum*)是重要的经济植物,草本高 1 m 左右,茎直立;单叶,下部为对生,上部为互生,叶片卵形、矩圆形、披针形,先端渐尖,基部楔形,全缘,或有锯齿或下部叶三浅裂,具长叶柄;花白色或淡紫色,单生于叶腋内,花萼分裂,花冠二唇形,分裂,雄蕊 4,子房二室,蒴果,长椭圆形,种子多数(图 5-33)。

图 5-33　胡麻属植株

图 5-34　胡麻属花粉

花粉形态:花粉扁球形,多保存为极面位置,大小 52～65 μm,具多沟,一般沟的数目为 10～13 条,沟短,均匀分布于赤道面上,外壁两层,内层厚于外层,表面具颗粒状纹饰(图 5-34)。

生境分布:胡麻属约 20 种,分布于非洲和亚洲,其中芝麻一种我国广为栽培,主要分布于黄河流域和长江中下游地区,性喜地势高燥、排水良好的土壤。

花粉的意义:胡麻属中的芝麻花粉产量很大,是已经广为采集收购的花粉品种之一,芝麻花粉除含有一般的有效成分外,还含有丰富的辅氨酸和谷氨酸。

15. 南瓜属(*Cucurbita*)

植物性状:南瓜属为葫芦科(Cucurbitaceae)植物,一年生蔓性草本,茎粗壮,有糙毛;叶大近圆形、三角形,分裂或不分裂,边缘有锯齿,叶柄长,中空,叶腋生,枝有卷须;花雌雄同株,单生,黄色,萼片,披针形,花冠钟状,雄蕊 3,花药靠合,雌蕊柱头短,子房卵形,果实扁圆至长圆形(图 5-35)。

图 5-35　南瓜属植株

图 5-36　南瓜属花粉

花粉形态：花粉为球形，个体大，直径 150～190 μm，具散孔，散孔数目 10～13，孔径 10 μm 左右，具孔盖，表面具刺，刺 8～10 μm，该属花粉以其较大的个体、稀疏的散孔和大刺状的纹饰极易鉴别（图 5-36）。

生境分布：南瓜属约 25 种，原产美洲，我国引种栽培的有三种，即南瓜（Cucurbita moschata）、西葫芦（Cucurbita pepo）和笋瓜（Cucurbita maxima），三种全部可以作蔬菜食用。南瓜属植物我国广为栽培，不论南方和北方均作为重要的蔬菜食用。

花粉的意义：南瓜花粉的有效成分十分齐全，其中某些功效因子有明显的疗效，值得今后深入研究开发利用。

16. 玉蜀黍属（Zea）

植物性状：玉蜀黍属为禾本科中一重要农作物，该属只有玉蜀黍属一种，一年生高大草本，茎实心，分节；叶大条状披针形，长约 20～50 cm，具一粗壮中脉，侧脉为平行叶脉；花单性同株，雄花序生于顶端，为总状花序或排列的穗状花序，小穗成对，有花二朵，一具柄，一无柄，颖有睫毛，雄蕊 3，雌花序单生于叶腋内，为粗厚具叶状苞片的穗状花序（图 5-37）。

花粉形态：玉蜀黍的花粉产量十分丰富，据统计，一个正常发育的雄花序，大约有小花 2000～4000 朵，每朵小花能产花粉 7500 粒，一个雄花序即能产生花粉 3000 多万粒。花粉形态为球形，直径约 80 μm，具单孔，孔稍向外突，具孔盖，边缘加厚，外壁一层，表面纹饰不明显(图 5-38)。

　　图 5-37　玉蜀黍属植株　　　图 5-38　玉蜀黍花粉

　　生境分布：玉蜀黍属原产美洲,目前广泛分布于世界各地。我国南北方均大面积栽培,为我国重要的高产农作物之一。该属性喜温暖,适应性强,故不论平原、丘陵均能广泛栽培。

　　花粉的意义：玉蜀黍的花粉因其个体大,数量多,种植面积广,已经被广泛地采收和利用。玉米(玉蜀黍)的花粉是研究利用最早的花粉之一,在花粉资源开发中已经利用玉米的花粉于食品工业方面,而且已经开始作为花粉商品出售。但据研究,玉米的花粉可以引起某些人的花粉过敏症,因而利用玉米花粉时应当采取措施,排除玉米花粉中的过敏原物质,再加以利用为宜。

　　禾本科中除玉米以外,高粱($Sorghum\ vulgare$)、水稻($Oryza\ sativa$)等的花粉产量都很大,对养蜂和花粉资源的开发和利用都具有重要的意义。

三、花粉资源开发现状及今后开发建议

　　由于大家的共同努力,花粉资源的开发和应用已经取得了一定的发展,获得了一大批优秀成果,为国民经济的发展和人民的

健康做出了重大的贡献。

（一）我国花粉资源开发的现状概述

1. 花粉资源的调查研究进一步深入

在全面总结我国花粉资源的研究现状的基础上，加强了各地区的具有特殊功效的花粉品种的研究，如近年来加强了荷花花粉的功效研究，使广大消费者对荷花花粉有了深入的了解，并且成为广大人民最喜爱的花粉之一。

加强了对我国广大西北地区某些特种花粉的研究，出版了我国西北地区植物花粉的专著，为进一步研究广大西北干旱类型的花粉奠定了基础，为进一步开发利用西北地区的花粉资源创造了条件，为开发我国西部经济做出了新的贡献。在我国西南广西大山中发现金茶花的花粉具有多种特殊功效，对这种特种花粉正在进行深入的研究。

其次是对松花粉的研究更加广泛而深入，除长江流域马尾松的花粉被大量采收，并开发出了一系列的松花粉营养保健品，如新时代健康产业公司生产的国珍牌松花粉，在云南省也研究开发出了"云润松花粉"，并且已被卫生部批准为保健食品，另外对松花粉研究也日益深入，松花粉的多种功效均得到临床的验证。

2. 花粉普通食品受到广大消费者的欢迎

所谓花粉普通食品是指以花粉为原料，经国家有关部门批准的确实具有营养保健作用的一般食字号的食品。该类食品的特点是具有很高的营养价值，而且由于加工工艺简单，成本低廉而价格便宜，因此，该类花粉食品，如北京东方颐寿园蜂产品公司生产的各种花粉产品、上海时艺保健食品公司生产的花粉系列营养食品、北京紫云英保健品开发公司生产的仿生破壁蜂花粉等，都普遍深受广大工薪阶层的欢迎。对于该类花粉食品在大力支持的同时，必须严格控制原料的灭菌消毒及各项卫生指标的要求，确保卫生安全。

3. 花粉在强化食品中崭露头角

强化食品是近几年来国家倡导的在普通食品中增添各种营养素(如各种维生素、微量元素等)的强化普通食物营养的各种食品,如在食盐中添加碘的碘盐、在酱油中加铁的酱油、在普通面粉中添加维生素类的强化面粉等。笔者就曾设计在普通方便面中添加花粉营养包的办法,以强化方便面的营养,该产品名为"花粉高营养面",早已在 2000 年问世,并且受到消费者的欢迎。

在普通食品中添加花粉营养素的方法,不但符合国家倡导的强化食品的全部要求,而且花粉中包含的是多种均衡营养成分,它可以全方位地提高食品的营养水平,是理想的强化食品的添加剂,应当大力推广,使人们能够吃到具有全方位营养的普通食品。

4. 花粉保健食品在稳步发展

自从卫生部批准第一号保健食品——舒仲花粉精以后,至 2002 年以前,国家批准的花粉保健食品就有 29 种,其中就包括笔者研发的"巨鹏王浆花粉"。近年来花粉保健食品发展较慢。而花粉的复方保健食品比以前有较大的发展,这就大大提高了花粉保健食品的功效。

5. 花粉药品的开发有了较大的发展

据统计,在我国被卫生部批准的花粉药品(准字号)已有七种,如浙江的"前列康"、安徽的"花粉片"、进口的"舍尼通",以及复方的"消渴丸"等,其中仅"前列康"一种,就占国内花粉市场份额的近三分之一,年产值近 5000 万元,可见花粉药品在我国花粉市场中的重要性。目前花粉药品的开发已经引起人们的重视,还有几种花粉新药正在研制或待批中,它标志着我国花粉产品正在向高科技方向发展。

6. 花粉的应用领域日渐扩大

除了花粉作为人类的营养保健品、药品以外,花粉在农业方面的应用也日益受到有关部门的重视,如大田农作物的传粉、授粉使农业增产的技术推广,花粉中提取油菜素内酯研发有机肥料,大气花粉研究用于农业预测、预报作物收成和农作物病虫害等取得了可喜的成果。另外花粉作为牛、鸡、对虾等动物饲料添加剂的研究也在不断地推广和应用。当然,化石花粉的研究还广泛地应用于地质找矿、环境考古甚至侦查破案等方面。关于花粉应用的诸多领域,将在第七章中详述。

(二) 今后花粉资源开发的建议

(1) 大力加强基础理论研究,为进一步研发具国际水平的花粉产品提供理论依据,大力加强花粉的营养保健功能因子和药用花粉的功能因子的研究,努力开发具有强化功能的第三代营养保健品,对花粉中的主要功效成分如黄酮类化合物、花粉多糖、多肽、核酸、不饱和脂肪酸、胡萝卜素、植物生长素、多萜烯类等应加强研究。对花粉中约 $2\%\sim3\%$ 的未知物的研究尤其应当重视,它往往是治疗某些疾病的关键性的功能因子。此外,还必须重视花粉的双向调节作用的机理研究及花粉复方和强化疗效的研究。

(2) 大力加强特种花粉中的功效因子的研究,如荞麦花粉中的芸香苷的研究、山楂花粉中的黄酮类的研究以及对美登木花粉中的多萜烯类物质的研究,为开发高科技含量的花粉产品提供理论依据。

(3) 进一步推广花粉普通食品、花粉营养健康食品以及强化食品中花粉添加剂的研究,为提高广大人民的身体素质做出新贡献。

(4) 进一步开拓花粉应用的新领域。花粉的研究多集中于人类的营养保健及医疗方面,而花粉在美容护肤方面的研究和应用相对不够深入,花粉在美容方面的作用不能只停留在表面化妆品的涂抹上,还要深入研究口服花粉在美容护肤方面的功效及作用机理,在这方面的研究我们远远赶不上法国和日本,在日本,女士们有句名言:"梳妆台前一百次,不如一次纯花粉。"这难道不值得我们去深思去研究吗?

第六章 花粉采集、贮存、加工、食用与挑选

本章主要向读者介绍一些有关花粉的采收过程、贮存花粉的条件和要求、花粉最基本的加工处理方法、花粉的食用方法及食用量,最后还介绍一些选购花粉的原则。目的是为了能使大家真正地吃到适合本人体质的、确保质量的花粉。

一、花粉的采集方法

在植物学上根据花的传粉方式的不同,可将花分为两大类:一类是由昆虫传粉的花,称为虫媒花。该类花的特点是为了适应昆虫传粉的需要,花朵硕大,花色艳丽,花粉表面纹饰复杂,很容易粘附在昆虫体上,这一类花的花粉传播往往靠昆虫,特别是蜜蜂来采集,凡是由蜜蜂采集的花粉统称为蜂花粉(bee pollen)。另一类是由风力传粉的花,称为风媒花,它由于适应风力传粉的需要,花小而不明显。但花粉数量很大,一朵花可以产生几万甚至几十万粒花粉,而且花粉表面纹饰不发育,以利于在空中飞翔。这一类植物的花粉一般情况下昆虫很少来采,绝大多数由风力传播到很远的地方,因此,这类植物的花粉只有靠人工采集。总括起来,当前市场上的花粉,根据采集的手段不同,可分为由蜜蜂采集的花粉——蜂花粉和由人工采集的花粉——人工采集花粉,现将这两大类花粉的采集方法简述如下。

(一)蜂花粉的采集

当蜜蜂中的工蜂飞落到要采集的花朵上之后,蜜蜂先用口器咬破花粉囊,用口器和全身上的绒毛粘取花粉,用三对足在花的雄蕊上刷集花粉,再用前、中两对足的跗刷将粘在头部和全身的花粉梳集在一起,并用花蜜湿润和粘合,随后转递给后足,一对后

足相互搓合刮集,陆续将花粉推挤到一对后足外侧的花粉筐内堆成团块状的花粉团,然后飞回蜂巢。一部分被携带入蜂巢中的花粉团,则由内勤蜂进一步加工成蜂粮,以供食用。内勤蜂加工蜂粮的过程中先咬碎花粉团,吐出蜜和唾液的混合物,润湿花粉团,再用头部顶推花粉入巢房,花粉被顶推实密后,在乳酸菌的作用下,即成为蜂粮。蜂粮由于经过蜜蜂的进一步加工酿造,其营养价值比未经蜜蜂加工的蜂花粉(花粉团)要高,所以蜂巢中的蜂粮比一般蜂花粉具有更大的营养保健作用和明显的疗效。

当蜜蜂携带着花粉团飞入蜂箱之前,在蜂箱的入口处加一个花粉脱粉器,便很容易将蜜蜂采来的花粉团由花粉筐内脱落到蜂箱外面的花粉收集盘中,这就是供人类食用的蜂花粉。在蜂花粉中不但含有花粉,而且还含有少量的花蜜和蜜蜂的分泌物,据研究,这两种成分对人体都是有益的。

蜂花粉呈团状形态存在,其长度约 3~4 mm,宽度约 2~3 mm,近椭球状,重量约 15~30 mg。花粉的颜色依花粉的品种不同而各异,大多数花粉为黄色,但也有少数花粉为淡绿色(蚕豆花粉),芝麻花粉则为棕褐色,苹果花粉为淡黄绿色,香薷花粉为淡咖啡色,水稻花粉为橘红色,苕子花粉为白色,泡桐花粉为灰色等。

在每一种单一花粉组成的花粉团中,该花粉的含量一般占 90% 以上,但也有些花粉团内单一花粉的含量仅占 60%~80%,其他的花粉成分则多为与其同时开花的花粉。

(二)人工采集花粉——松花粉的采集

松花粉,特别是马尾松树的花粉是我国最主要的由人工采集的花粉,早在两千多年前我国人民就有采集松花粉的习惯,而且广泛用做食品、药品的原料。现将马尾松花粉的采集方法简介如下。

马尾松花为单性花,雌雄同株,雄花球为圆柱形,密生成簇,每个雄球花上具有很多螺旋状排列的雄蕊,每个雄蕊上有两个花药,花药中花粉数量很多,每一簇雄球花一般可采收 0.4～0.8 g 的花粉,一人一天可采收 5～6 kg 的马尾松花粉。马尾松雄花开花时间一般在 3～4 月份,但不同的地区、同一地区不同的高度上开花的时间也相差很大,有时由于微地形的影响即使是相邻的几棵树,开花期也不一样。在同一株树上,从开始散粉到花粉散尽一般只有 6～8 天,而最佳采集期往往只有 1～2 天,因此采收之前必须做好充分的准备工作,并密切注意采集地区的物候期变化,以免延误最佳采收期。马尾松花粉的采集从雄花成熟而未散粉到刚刚开始散粉为最佳采集期,太早则花粉未成熟,营养物质积累还不够充分;太迟则花粉散失太多,影响采收量。采集时,用塑料食品袋套住新枝将整簇雄球花采下(注意不要损伤新枝和防止花粉飘出袋外),使之全部落入袋中(图 6-1)。回室内,摊在白

图 6-1 人工采集松花粉

纸上,在通风干燥的室内晾干或在阳光下晒干(在室外阳光下晒粉时最好加盖一层薄纱布,以免日光紫外线损伤营养活性物质),待花粉干燥后(一般含水量不超过10％)轻轻揉搓雄花球,收集散出的全部花粉,过筛即可获得纯净的花粉。

据调查,马尾松树分布范围很广,北起淮河、秦岭,南达广东、广西,东至东南沿海各省和台湾,西至贵州、四川东部,遍及江苏、安徽、河南、湖北、陕西、四川、贵州、湖南、江西、浙江、福建、台湾、广东、广西和云南十五个省区。马尾松喜生于亚热带海拔1500 m以下的山地、丘陵,常有大面积纯林。马尾松树约占这些省区森林面积的60％,马尾松林总面积在5亿亩以上,它耐干旱、贫瘠,适应性强,是我国南方地区荒山造林的先锋树种。根据对马尾松林的调查,平均每个新枝产花粉0.61 g,每平方米树冠产花粉90.68 g,每亩可产花粉50.38 kg,据此推算,我国每年仅马尾松一种就可产马尾松花粉2500万吨以上,全国年人均20 kg以上,这是一个多么巨大的生物资源啊! 如以每公斤松花粉50元人民币计,那么2500万吨的松花粉的价值在12 500亿元,我国的花粉资源仅此一个树种就可以为国家做出如此巨大的贡献。

二、花粉的活力与保鲜贮存

当花粉经蜜蜂或人工采集回来以后,立即面临着如何能使花粉的营养成分不致损失,且能长期保存的问题,要想解决这一问题,必须对采收回来的花粉采取一系列的保鲜措施,包括排除杂质、消毒灭菌、杀虫卵、干燥、保鲜贮存。

(一)花粉的活力及测定方法

花粉的活力,即指花粉的生活能力,具体的指标是指花粉采下来后保持萌发受精能力的时间。花粉活力的强弱直接反映着花粉生命力的强弱,花粉的生命力强说明花粉中营养成分丰富当然,一个花粉的生命的长短一方面由该植物的基因所决定,另一方面也受外界环境的影响。不同种类植物的花粉,其活力有很大的差别,例如谷物的花粉寿命很短,小麦花粉采收下来 5 小时后其授粉结实率降低到 6.4%,而棉花的花粉采下来 24 小时其保存的活力只有 65%,超过 24 小时,就没有一粒花粉能够萌发。茄子的花粉在夏季只能存活一天,冬季可以存活三天,而果树花粉的活力则较强,一般可以维持几周到几个月,海藻花粉的存活力可维持数月到一年,在花粉中寿命最长,可谓花粉中的"老寿星"。

所谓花粉活力的大小和花粉中各种营养成分的变化的关系并不完全说明营养成分减少同花粉活力大小有正相关关系。花粉活力的变化只是花粉中众多营养成分中极少数种类的成分的变化,如花粉中某些酶类的变化直接决定着花粉活力的大小,并不反映营养成分有多大的损失。

影响花粉活力的因素除了由于不同植物品种的基因类型不同以外,其外界环境条件的变化也是造成花粉活力大小的重要因素。相对湿度、温度和气候环境,通过控制这几个因素,以最大限度地降低花粉的代谢水平,使花粉进入休眠状态,这是延长花粉寿命的基本原则。

一般花粉在低温(0℃左右)、干燥(RH 25%～50%)和无氧条件下保存最为有利(表 6-1)。近年来采用超低温、真空和冷冻干燥技术保存花粉,可以大幅度地延长花粉保存的时间。冷冻干燥保存花粉的方法,是将花粉在 $-60 \sim -80$℃条件下快速冷冻,然后在 $50 \sim 250$ mm 水银柱气压下抽真空使其中所含水分升华,再放在室温的氮气或真空条件下保存,效果极佳。如桦树花粉在 5℃温度下,贮存两年半仍能萌发。据 Stanley 等报导,苜蓿花粉在 -21℃条件下可保存 11 年仍有活力(表 6-1)。

表 6-1　贮藏条件对花粉萌发(离体)的效果(根据 Stanley 等,1974)

植物种	贮藏条件			寿命/天	离体萌发/%	
	温度/℃	相对湿度/%	气体*		贮藏前	贮藏后
疣枝桦(*Betula verrucosa*)	+5	0	v	920	60	20
南瓜(*Cucurbita moschata*)	-17	0	v	30	98	98
番茄(*Lycopersicum esculentum*)	+2~+4	10	—	252	47	10
紫苜蓿(*Medicago sativa*)	-17	0	v	34	88	73
洋梨(*Pyrus communis*)	-17	0	v	419	77	65
洋梨(*Pyrus communis*)	+2~-4	10		662	66	42
洋梨(*Pyrus communis*)	-20	0	v	1032	64	50
甜根子草(*Saccharum spontaneum*)	+4	90~100		8	90	70~90
杏(*Prunus armeniaca*)	+2~+8	0		912	60~80	20~30
葡萄(*Vitis vinifera*)	+10	25		365	43	10
葡萄(*Vitis vinifera*)	-12	28		1461	43	12
玉米(*Zea mays*)	+4	90~100		8	90	60~70
苹果(*Pyrus malus*)	+10~+30	0		400	93	7
苹果(*Pyrus malus*)	+2~+8	50		1461	70~80	20
苹果(*Pyrus malus*)	+2~+8	10	v	673	76	70

* 表示正常的空气,v 表示真空(vacuum)。

关于花粉活力测定的方法,传统上采用花粉离体萌发率试验的方法,最简便、最常用的方法是悬滴法和琼脂法(图 6-2)。悬滴法是滴一滴含花粉的培养液在盖玻片上,再将盖玻片翻转放在一载玻片的玻璃杯上,玻璃杯内预先滴一些蒸馏水,维持湿度,在一定的温度下统计萌发花粉的百分率。琼脂法和悬滴法基本上相同,不过在盖玻片上先用琼脂培养基做成琼脂板,花粉培养在琼脂板上。琼脂法的优点是易于制作永久制片。以上两种方法,在花粉培养基中都需要加一定浓度的蔗糖,以维持较高的渗透压,同时还需要加一定量的硼,因为花粉萌发需要较多的硼的刺激作用。

中国农业科学院蜜蜂研究所胡发新研究员发明了一种测定花粉活性的仪器,命名为花粉活性测定仪,其原理是:由于花粉酶类物质极易损失,因而酶类物质在花粉中保留的多少是评定花粉质量的一个重要指标。具体采用过氧化氢酶作催化剂,该类酶具

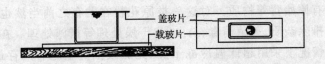

A. 悬滴法

B. 点滴试验法

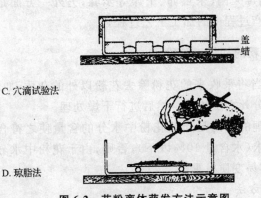

C. 穴滴试验法

D. 琼脂法

图 6-2　花粉离体萌发方法示意图

有高度的专一性,和底物在特定温度、pH 和底物浓度下反应,并以单位时间内产生的分子氧量来表示过氧化氢酶的活性。根据这一原理,研制成气量法花粉活性测定仪。测定其在单位时间内的气体产生量,以此决定花粉活力的大小。

(二) 原花粉的保鲜贮存

所谓原花粉是指由蜜蜂采集的花粉团和人工采集的新鲜粉末状的花粉,这种花粉未经过人为的加工,一般均保存着花粉中的所有原始营养物质。对这一类原花粉在贮存之前当然也必须先经排除杂质、灭菌消毒、杀虫卵、干燥处理等措施处理。在有条件的情况下采用超低温冷冻干燥、充氮或抽真空之后贮存最好。而一般家庭食用的原花粉在完成排杂、灭菌和干燥之后装入玻璃瓶中放在冰箱的冷冻室之中,一般可以保存一年左右。

三、花粉的加工

花粉的加工包括两方面的内容,即花粉采收回来之后,为了能较长久地贮存并确保花粉质量而进行的一系列初加工阶段,如排除杂质、消毒灭菌、杀虫卵、干燥等步骤;另外一方面是在花粉产品开发生产过程中的加工工艺过程。

(一) 花粉的初加工阶段

首先应当将采收来的花粉除去花粉以外的杂质,如沙粒、草木细屑及部分死亡虫体等。然后进行干燥处理。

干燥处理的目的是降低花粉中水分的含量使之符合花粉质量标准的要求(水含量 10% 以下),否则,由于花粉中水分含量过高,花粉将容易变质发霉。

1. 干燥方法

(1) 日光干燥花粉:将花粉直接放在阳光下晾晒,这种方法至今仍然是各地蜂农普遍采用的方法,该方法的优点是简单、易行、不受条件的限制,但有效成分损失太大,容易混进各种杂质和泥沙。采用此种方法对蜂农的最起码的要求是:首先,要在一个专用晒场上晾晒,切不可放在马路的两旁,以免污染和混入杂质与泥沙;其次,晒场上铺放白布或白纸,再把花粉均匀地铺在白布上,厚度约一厘米,并在花粉上面盖一层白纱布以防止紫外线直接照射而破坏花粉中的营养物质,同时也可防止苍蝇的污染。在晒的过程中最好隔一两个小时翻晒一次,以便花粉能均匀得到晾晒。待花粉干燥后，装入无毒塑料袋，扎紧袋口后用双层塑料袋包装好保存。

（2）通风干燥法：遇阴雨天则采用室内通风干燥处理。把花粉铺放在铺有白布的桌面上，可以采用自然通风，也可以用强通风设备鼓进热风，加快干燥。

（3）电热干燥法：将花粉放进特别的电热加热器、电热板、电热干燥箱等容器中，用电加热除水。这种方法温度控制要求严格，又易受电源限制，因为许多放蜂的地方均为深山老林，电源不易解决。

（4）远红外线干燥法：远红外线加热器是热传导、对流和辐射三种方式中，强化辐射传热的一门技术。辐射传热是以电磁波形式传递，热效率较高，能提高干燥效率，还具有一定的杀菌作用。

（5）用化学干燥剂干燥花粉：该方法设备简单，可以利用现有的容器，又不受外界条件的限制。而且化学干燥剂无毒，无异味，不挥发，且价格低廉，部分干燥剂可以反复使用。由于干燥过程在密闭的容器中，不受污染，可保证花粉纯净。

（6）冷冻真空干燥：这种方法在有条件的情况下使用，不仅干燥的速度快、效率高，而且有效成分损失少，但设备昂贵，技术复杂。

2. 花粉的消毒方法

花粉初加工的第二个内容是对花粉进行消毒灭菌、杀虫卵，以确保不霉变。

（1）用乙醇消毒：先把花粉摊平，用80％～85％的乙醇（食用酒精）喷洒在花粉表面，边喷洒边翻动，根据花粉的含水量和乙醇的用量，计算乙醇的总浓度达到75％为止，再把此花粉封闭2～4小时，取出，放在无菌室内干燥，乙醇挥发完后包装备用。

（2）紫外线消毒：选好无杂质、无霉变、含水量10％以下的花粉，按一定的厚度平铺在紫外灯下，进行紫外照射，由于紫外线对花粉的穿透力弱,必须随时翻动,以便全面灭菌消毒。

(3) 微波消毒:先把牛皮纸放在微波炉的托盘上,再摊放花粉,花粉厚度由中心向外要均匀增厚,最外缘和中心厚度之比近于 3∶1,花粉摊好后,将炉门关闭,处理 30 秒钟停机,开门翻动花粉散热 4 分钟,再按此步骤处理一次,将散热的花粉温度降到 30℃即可,装袋密封保存。微波处理的时间不宜过长,否则花粉温度过高,影响营养成分的质量。

(4) ^{60}Co(钴-60)辐照消毒:把已选好的花粉按要求包装好,送入辐照室,放在放射源下以一定的照射剂量进行处理,即可得到消毒花粉。该方法是目前花粉消毒方法中效果最好的方法,不但杀菌效果好,可以杀灭虫卵,而且耗能低,不污染环境,简便可靠。

花粉采用不同的方法消毒,其效果也各不相同,但对于营养成分没有显著的影响。徐景耀等对油菜花粉采用乙醇、紫外线、^{60}Co、高速电子流、高温灭菌及微波处理等,对其杂菌总数、大肠杆菌等卫生指标的影响及营养成分的变化列于表 6-2 中。从表中可以看出,在加工花粉中,可同时因地采用对应的方法进行灭菌。

表 6-2　不同灭菌方法对油菜花粉营养成分的影响

成分或菌数名称 不同的处理	杂菌总数	大肠杆菌	葡萄糖含量/%	果糖含量/%	蔗糖含量/%	维生素含量 $/\mu g \cdot (100 g)^{-1}$					粗蛋白含量/%
						V_C	V_B	V_{B_2}	尼古丁酸	尼古丁酰胺	
对照	4.5×10^2	<250	14.3	23.3	0.34	1233.3	2.5	10	152	120	25.92
75%酒精	1.1×10^2	阴性	9.36	13.61	0.27	633.3	2.5	5	157.5	825	25.74
UV 紫外	8.6×10^{-2}	<40	10.5	21.34	0.49	566.6	2.5	7.5	150	60	24.92
^{60}Co	1.5×10^2	阴性	10.39	16.4	0.27	1266.6	2.5	7.5	57.5	50	25.08
高速电子流 5×10^5	45	阴性	11.51	17.81	0.35	1200.0	2.5	7.5	13.5	15	25.51
高压灭菌	3.5×10^2	阴性	6.12	10.97	0.32	1100.0	2.5	7.5	182	105	25.51
高速电子流 5×10^6	85	阴性				100.0	2.5	7.5	175		25.55
微波 $t=1$ 小时 35 000 MC $p>100$ mm	7.8×10^4	阴性					2.5	5	180		24.03
微波 $t=0.5$ 小时	1.2×10^3	阴性					2.5				

(二) 花粉产品的加工

世界上已经有多种花粉产品问世，如罗马尼亚的保灵花粉片、日本的内补灵、瑞典的舍尼通、西班牙的花粉雪花膏等。在我国近十几年来也有众多的花粉产品问世，仅经卫生部批准的花粉保健品就有 29 种之多（表 6-3），如舒仲花粉精、国珍松花粉、巨鹏花粉冲剂、正和花粉胶囊、宝生园蜂花粉等。上述各类花粉产品以加工工艺和剂型分包括如下几类：

表 6-3　已获卫生部批准的花粉保健品

品　种	功　能	单　位
舒仲花粉精	免疫	西安舒仲花粉有限公司
国珍牌松花粉	免疫	烟台新时代天然营养品公司
贺尔康久宁膏（花粉王浆美容）	免疫	云南贺尔康保健公司
巨鹏牌花粉冲剂	免疫	北京巨鹏生物工程技术开发公司
大渊花粉胶囊	免疫	南京大渊美容保健公司
大渊果味花粉	免疫	南京大渊美容保健公司
大渊天然花粉粒	免疫	南京大渊美容保健公司
大渊花粉豆	免疫	南京大渊美容保健公司
宝生园蜂花粉	调血脂	广州宝生园蜂产品厂
云润松花粉	抗疲劳、调血脂	云南科工贸有限公司
每家健天然花粉饮品（每家健天然花粉养生奶）	调血脂	南阳合阳保健品有限公司
炳章牌松花粉胶囊	抗疲劳	富阳松宝保健食品实验所
新田花粉胶囊	免疫	武汉新田保健公司
正和花粉胶囊	免疫	苏州正和美容保健公司
灵康花粉胶囊	免疫	成都市长寿宝保健品公司
舒仲花粉胶囊	免疫	西安舒仲花粉有限公司
复合花粉精	免疫	石家庄富德龙保健品公司
华神天然蜂花粉	免疫	中国空气动力技术开发中心
康帝牌花粉精（康帝活性花粉）	免疫	济南开发区天康科技发展中心
金王纯花粉（伴侣二合一）	免疫	北京金王营养补品有限公司
百路圣花粉生力胶囊（百合圣花粉高能素）	抗疲劳	陕西夸克生物科技有限公司
正和花粉豆	免疫	苏州正和美容保健公司
正和果味花粉冲剂	免疫	苏州正和美容保健公司
正和天然花粉冲剂	免疫	苏州正和美容保健公司
巨日花粉	免疫（进口）	深圳市巨日商贸有限公司
贺尔康久宁膏（花粉王浆天麻蜜）	免疫	云南贺尔康保健有限公司

(续表)

品　　种	功　能	单　　位
宠达牌靓靓花粉胶囊	免疫	昆明宠达药厂（昆明市人民西路170号）
可瑞牌蜂花粉片	免疫	北京可瑞生物公司
花颜花粉	免疫	深圳太太药业有限公司
国珍牌松花粉参宝片	抗疲劳	烟台新时代天然营养品公司
超牌破壁纯花粉	免疫	佛山市超越研磨有限公司保健品开发中心
华兴牌蜂花粉颗粒	延缓衰老	北京中农蜂蜂业公司
大渊牌法萝位花粉胶囊	免疫	南京大渊美容保健公司

1. 花粉粉剂

剂型为颗粒状，如花粉磷脂，主要配方原料为花粉、蜂蜜、植物卵磷脂、白砂糖等。生产工艺流程为：花粉——筛选——灭菌、杀虫卵——均质——搅拌——制粒——烘干——过筛——包装——密封——验收——装箱——入库。

2. 花粉胶囊剂

该剂型优点是服用方便，可掩盖不良的气味。胶囊由明胶和甘油等制成，并将花粉等原料或其他药物配制、制粒后装入胶囊中，即为胶囊剂。如降脂胶囊，其配方为：以油菜花粉为主，辅以玉米花粉、蜂胶、蜂王浆等原料。其加工工艺流程为：先将花粉灭菌，干燥粉碎成细粉，将蜂胶、王浆分别以乙醇提取、稀释，加入细粉，混合、搅拌均匀，再以乙醇制成颗粒，干燥、分装即为成品。在操作过程中，花粉粉碎可以用胶体磨或气流粉碎机。灭菌过程可用75％乙醇或钴-60辐照。该产品的主要功效为：降低血清胆固醇，并能保肝、强身健体，延缓衰老，消除疲劳。

3. 花粉片剂

花粉片剂是以花粉为主要原料，并经过适当的加工、提取与赋形剂混合后压制成各种不同形状的固体制剂。片剂具有剂量准确、体积小、产量大、成本低、携带运输方便、利于贮存等优点，因而花粉制品中多采用此剂型。片剂可以分为压制片、糖衣片和嚼用片三类，一般如果花粉没有异味，多采用压制片，它制作工艺简单,原料与赋形剂按一定比例混合后制片即可,不用包衣。糖衣片多因花粉原料有异味,为了改良口感而在片心外面再包一层糖衣,该类制作工艺复杂,但易于保存。而口嚼片适用于润喉、治疗口腔疾病,便于快速吸收。在片剂制作过程中一般添加一定量的赋形剂,如乳糖、淀粉、糊精等,赋形剂的作用在于使制品容易成型、坚固,而没有疗效,但它绝无任何副作用。缺点是增加片剂的剂量,因为片剂中至少增加 5%~15% 的赋形剂。所以,制作片剂的过程中一定要注意在可能情况下尽量少加赋形剂,如有可能最好用对片剂产品有辅助疗效的物质作赋形剂,以减少片剂的重量,增加其疗效。如笔者在设计某一花粉产品时,试验用蜂蜜作赋形剂,获得成功。这样使产品中没有任何多余的无效成分,反而因添加蜂蜜还可增加疗效。

花粉片剂一般采用制粒后压片和不制粒直接压片,制粒后压片又有全花粉制粒压片和花粉提取的稠膏制粒压片等。

花粉片剂的加工工艺流程如下:

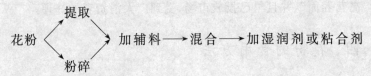

——→制软材——→制湿颗粒——→干燥——→检验——→整粒——→润滑剂均匀——→压片——→包衣——→包装。

4. 花粉口服液

该剂型最终产品的形态为液体,一般灌装入具有服用量标准的瓶中,该剂型的优点是容易吸收,缺点是产品中的有效成分的含量较少,服用效果需较长的时间才能达到,而且服用和携带均不方便,目前市场上该类剂型的产品已不多见。

加工工艺流程为:花粉提取液——→配制(加调味剂、强化剂、蜂蜜等)——→过滤(透明度好)——→灌装——→封口——→灭菌——→质检——→包装。

5. 花粉营养食品

该类食品的设计原理是在普通食品(如面包、糕点、饼干、方便面等)中科学地添加花粉营养源,以增强普通食品的营养保健功能。该类花粉营养食品除具有普通食品加工工艺流程中的各种主要工序,如和面——→包馅——→成型——→烘烤——→包装——→成品,还要在工艺流程中增加一项——添加花粉营养源,而添加的过程一定要在烘烤之后,以免花粉因受高温影响而损失营养成分。

如各种花粉糕点、花粉面包的工艺流程为:和面——→包馅——→成型——→烘烤出炉——→添加花粉营养源——→包装——→成品。在这种加工工艺流程中,当食品刚出炉后,立即在已经设计好的食品成型时预留好的空间内加入营养剂,并使其干燥后再包装,这种方法既简便,又不增加其加工费用,且又保证了花粉中的高营养素不被破坏。

笔者根据这一原理曾经设计了一种花粉营养食品——"花粉高营养面",并且早已投放市场,受到广大消费者的好评。

四、花粉的食用方法

花粉作为营养健康食品已经深受广大消费者欢迎,因为天然纯花粉(包括蜂花粉和人工采集的松花粉)属于"三全"食品:一是全部取自大自然环境中生长的全天然的物质;二是花粉的所有成分为全营养物质;三是花粉中全部营养成分又可全部为人体消化吸收。像这样的天然营养源,在大自然中是很少的。其次天然纯花粉属可再生资源,而且产量大,成本低,这也是深受广大工薪阶层欢迎的重要原因。第三是加工制作简便易行,可以根据不同的需要加工成各种不同配方、不同剂型的花粉食品。

(一)花粉食用前的加工处理

为了确保花粉原料的洁净卫生,当从市场上购买花粉原料时,首先应了解花粉的品种、该品种花粉的特点及适应的人群;其次要了解该花粉是否经过消毒干燥等初步加工,如果发现干燥程度不够,水分含量过多或消毒过程存在问题,买回来之后最好再放在微波炉中干燥、消毒,以确保食用安全(具体处理方法参见本章第二、三节)。

(二)花粉营养健康食品的家庭制作及食用方法

最简便的食用方法是,将购买来的天然花粉经过干燥消毒后,直接按食用量口服,开水冲下,不经过任何加工过程,以确保花粉中的全部成分均能发挥作用。这种方法在国外是常见的食用方法,在美国的绿色食品及营养食品商店中有各种不同种类植物的花粉出售,一般用玻璃瓶装,瓶上标签用拉丁文标明花粉的科属种类。如:山毛榉科—Fagaceae,板栗花粉—Castanea pollen。当然在瓶上同时标有服用量及日服用的次数。

另外,可将购买来的天然纯花粉经过干燥、消毒之后和其他的营养物质进行科学的配伍,以增强营养保健作用,强化疗效。现将笔者多年来食用花粉的配方及食用方法简介如下,以供广大读者参考。

主要原料:花粉、蜂蜜、蜂王浆。

配比:花粉和蜂蜜为1:1,然后再加花粉和蜂蜜总量的1/10的蜂王浆。

制作过程:先将花粉用适量的温开水稀释,使花粉粉化溶解,切不要加太多的水,以免过稀。其次在已稀释好的花粉中加入与花粉同等量的蜂蜜,搅拌均匀,然后再在花粉、蜂蜜的混合体中加入总量1/10的蜂王浆。再次搅拌均匀,每隔2小时搅拌一次,搅拌三次后即可装瓶。花粉的容器以无色玻璃瓶为宜,装好后,放入冰箱冷藏格中,以备食用。

该配方的食用量以每天早晨食用一汤匙(约 10 g),若涂放在面包片上,味道尤佳。坚持食用一个月即可初见功效,一年之后你就能亲身体验到体力增强、精力充沛,久服必有奇效。

五、花粉的挑选原则

笔者多年接触到的众多花粉爱好者,经常提出的一个问题是:吃什么样的花粉好?

关于这个问题绝不是一句话所能回答得了的。挑选花粉的原则是:首先要依你个人身体的状况和需要而定。如果作为一般营养保健、提高身体素质,花粉的品种选择就没有特殊的要求。我国常见的商品花粉品种有油菜花粉、玉米花粉、茶花花粉、荷花花粉、荞麦花粉、芝麻花粉、西瓜花粉、高粱花粉以及人工采集的松花花粉等;此外,由于近几年传粉、授粉的需要人们也采收水果的花粉,如苹果花粉、梨树花粉等。在上述花粉的类别中,以荷花花粉营养价值最高,而且口感也清香微甜,口味极佳(图 6-3)。其次是茶花花粉、玉米花粉等。如果身体有某种疾病,最好选用对该类疾病具有明显疗效的花粉,这样既可以增强体质又对某些疾病具有辅助治疗的作用。如心脑血管疾病患者最好服用山楂花粉和荞麦花粉,因为在山楂花粉和荞麦花粉中含有多种软化血管的功能因子,这两种花粉中黄酮类化合物的含量也十分丰富,黄酮类物质的种类繁多,可以降低胆固醇、甘油三酯,起溶解血栓的作用,在荞麦花粉中芸香苷的含量很高,可以直接软化血管。患前列腺炎、前列腺肥大的中老年人适于服用油菜花粉:油菜花粉中不但含有十分齐全的营养,可全面增强人体的体质,而且在油菜花粉中还含有治疗前列腺疾病的功能因子,可使前列腺增生、肥大减慢,扩大排尿管。我国首创治疗前列腺疾病的准字号国药的主要原料就用的是油菜花粉。所以对某些疾病食用对症的花粉可以收到食疗和医疗的双重功效。

图 6-3　食、疗兼备的荷花花粉

根据上述原理,胃炎病人最好食用洋槐花粉,因为洋槐花粉具有健胃作用。肝炎病人最好服用柳树花粉,柳树花粉具有保肝护肝作用。虞美人(罂粟)的花粉具有多种功效,可以治疗咳嗽、支气管炎、咽炎,对失眠病人亦具有镇定、安眠的功效。苹果花粉具有十全大补的功效,还可以预防心肌梗塞。

此外,如果身体对某种营养成分有特殊的需要,可以购买具有特种功能品种的花粉,以增强和改善疗效。如中老年人,由于性激素减少形成更年期综合征,为了增强性激素,女性老年人可以多服板栗花粉,因为在板栗花粉中含有丰富的女性激素雌二醇,而男性老年人则应多吃百合花粉,因为在百合花粉中男性激素睾酮的含量很高。另外,一般花粉中人体性激素的含量甚微,不至于造成儿童性早熟,反而会有益于儿童的生长发育。

关于花粉的食用量,一般以营养保健、提高综合免疫功能为目的,一般情况下每天服用量为 5～10 g。如果身体虚弱、病后初愈,需补充营养、恢复体质时可加倍食用,即每天服用 20 g,分早、晚饭前各服10g,定会收到明显的功效。

　　总之,不同品种的花粉除了它们共同具有的营养保健作用之外,还具有各自独有的功效因子,可起到医疗的作用。所以,当你选购花粉时最好根据本人身体的需要选购既有营养保健作用又对本人某些疾病具有疗效的花粉品种,就能起到补疗兼备的双重作用。

第七章　谈天说地论花粉

　　花粉是植物体上的一种繁殖器官，是植物赖以传宗接代的雄性生殖细胞，是植物的精华所在。科学家们最初对花粉的认识只限于它的形态构造特点，随着研究的深入，对花粉的各种特性，如花粉的生态环境特性、花粉本身的物理化学特性逐渐了解，发现花粉的用途非常广泛：最初多集中在对埋在地下的地层中的化石花粉的研究，从而开辟了花粉在地质学上的应用；继之，从研究花粉的生态环境的特性规律，发现花粉是环境变化的指示剂，从而展开了运用花粉分析环境演变规律的研究；科学家们从研究花粉传粉、授粉的过程中发现花粉可以有效地促使农作物增产，可以预测、预报农作物的病虫害及农作物的收成，从而又开始了花粉在农业上的应用研究；人们通过对考古遗址中文化层内的花粉研究可以恢复当时古人类生活的自然环境条件和古人类所从事的农耕活动的规律，从而开展了花粉考古学的研究；随着营养学家、医学家对花粉中生物化学成分的研究，发现现代植物的花粉是一个非常完善的人类的营养源，从而又开展了花粉营养学、花粉医学的研究；而把上述原理推广应用到养殖业方面，如养鸡、养鱼、养虾，甚至养珍稀动物水貂等，均取得了很好的效果，花粉作这些动物的饲料后，不但可使其增产，而且还可使皮毛光泽、永固；人们运用花粉传播规律的特性，应用于疑难案件的侦查破案方面，也取得了神奇的效果。

　　下面就让我们逐一了解花粉的各种奇妙的应用。

一、花粉与农业

　　花粉作为一种天然的可持续开发的生物资源与农业有着不可分割的关系，在广大农村供销社收购的大量花粉中有90％以上来自玉米、油菜等作物上的花粉，花粉资源的开发利用可直接使广大农民增加收入（但必须从事养蜂才能收到花粉），而花粉本身具有营养保健作用，可以增强农民体质，预防多种疾病，因而花粉资源的开发利用是使广大农民脱贫致富的一个行之有效的措施，是提高广大农民身体素质、健身强体、防病治病的切实有效的方法。

另外，通过养蜂、放蜂和蜜蜂传粉、授粉的过程可大大促使农作物增产，间接增加农民的收入。凡经过授粉的农作物不但产量大增（一般可增产15％～35％），而且作物品质也大大提高，如给草莓授粉，不但产量可以提高20％左右，而且甜度也提高。由此可见，发展养蜂事业对农民来说的确是我国解决"三农"问题的一项重要措施。

根据法国科学院让·皮埃尔的研究，运用花粉在空中传播规律的研究，可以预报农作物的收成，预测农业的病虫害。其方法是，在农田的上方设置空中花粉收集器，在农作物开花传粉时，每天观测花粉收集器中所收集到的农作物花粉，并统计花粉的浓度，观察花粉本身生长发育的程度，然后进行统计、分析，并和往年，特别是丰收年时的资料对比，就可以发现农作物今年成长的好坏以及从花粉粒的表面发现有无虫害的病毒感染和虫卵的发生。

近年来，北京农林科学院作物所贺澄日教授从油菜花粉中提取了一种植物生长激素，名为油菜素内酯，该植物激素不但可以促使细胞分裂加快，而且还有促使作物早熟和预防病虫害的作用。经作物及蔬菜水果的试验，其增产率为：玉米增产19.5％，桃增产25％，蘑菇增产20.58％～31.37％。

另外，运用单倍体花粉培育植株是培养良种的一个新途径，其在理论与实践上均有重要意义。我国在作物、蔬菜、水果等方面的单倍体花粉培养植株工作，取得了很好的结果。如作物中的水稻、大麦、小麦、玉米、大白菜、茄子、番茄以及葡萄、烟草等，利用单倍体培育植株,不仅培育了良种,也大大缩短了育种程序,加速了育种速度。

最后,通过研究土壤中花粉的演变过程可以了解土壤的形成过程并可控制土壤向有利于肥力的增加方向演变。

二、花粉与环境

环境科学是当代科学家们研究的重点,人类生活的环境直接影响着人类的生产、生活和健康,如环境的污染是造成现代文明病的重要原因,地理环境的不同直接决定着人类的生活方式,气候环境的不同决定着人类的生产类型。而花粉作为植物的一个组成部分也必然和诸多环境因素有着密切的关系。

(一) 大气环境与花粉

在人类生活的自然环境中,空气是任何一种生物不可须臾离开的环境。一股新鲜的空气,顿时可以使人心旷神怡,精神为之一振,而在被污染了的空气中生活,则使人感到窒息烦闷,进而影响人的健康,所以对大气环境的研究是进行环境保护的一项重要任务。在地球上的大气层中由于受人类生产、生活活动的影响和生物界生活所产生的物理、化学作用,在大气中往往充满了各种各样的悬浮微粒,而在这些悬浮微粒中既有无机物的烟尘和各种废气,也有大量的各种有机物微粒,如各种真菌的孢子、各种植物的花粉,以及各种细菌、病毒、单细胞的藻类、蕨类植物孢子、植物叶毛、微小的种子、植物叶子中萜烯类化合物的挥发物等。而空气中的孢子和花粉又是大气中有机污染物的主要来源。在空气中一年四季飘浮着大量的风媒花粉,如各种裸子植物花粉(松花粉、柏树花粉等)和被子植物中的风媒花粉(蒿属花粉、木麻黄花粉等)。据大气花粉学的研究,花粉在空气中之多,用"花粉雨"(图7-1)一词来形容并不过分,而这个花粉雨一年四季昼夜不停地抛洒着。在花粉雨中绝大多数的花粉种类是无毒副作用的,但的确也有少数的花粉品种对人体产生过敏反应,形成花粉过敏症。如在北京地区每年8月中旬至9月中旬大量的蒿属花粉(*Artemisia*)充斥在空气之中,对具有花粉过敏体质的人造成严重的花粉过敏症。再如,在上海一些人对蓖麻花粉过敏,在广州对木麻黄花粉过敏等。为了避免花粉过敏的传播,保持城市空气环境不受致敏花粉的影响,在城市绿化树种选择上应避免选用具有致敏作用花粉的树种,如北京崇文区的椿树胡同就栽种了能引起花粉过敏的椿树,值得今后加以改造。

图 7-1　池塘花粉雨

（二）地理环境与花粉

由于不同的植物生长的生态环境不同，在不同的地理环境单元中决定了生长植物和种类的不同。如在海拔 3000 m 以上的高山环境条件下，由于地势高，气温明显下降（每升高 100 m，气温则下降 0.6℃），因此生长着耐高寒的山地针叶树的树种，如高山云杉林、高山冷杉林，而在东北大兴安岭地区也生长着大面积的落叶松林。由此可见，耐寒植物生长的环境一是高山地域，另一种是寒温带，而这些高寒环境下的植物也必然产生大量的耐寒的树种花粉，如云杉花粉、冷杉花粉和落叶松花粉。因此当你发现大量的云杉、冷杉和落叶松花粉时，便可以肯定周围的地理环境在高山之上或寒冷的气候之中。

而在低洼的湖沼地区，由于水生环境则必然生长出一些水生植物及其产生的花粉，如沉水植物眼子菜、浮水植物浮萍草以及浅水生的芦苇、黑三棱草等。因此在低洼地区的花粉也必然反映了湖沼的环境。

（三）气候环境与花粉

气候因素更直接决定着植物及其所产生的花粉的种类，如在热带雨林之中生长的所有植物必然为高温多雨下的湿热气候环境中的树种，如桃金娘科、蕃荔枝科、漆树科、桫椤科、桑科等植物的花粉。反之，在干热少雨的西北干旱地区的植物则生长着以耐干旱为主的旱生植物，如藜科、麻黄科、菊科等（图 7-2）。而在南方的沿海地区则在海边（潮间带）生长着一些和海水有密切关系的滨海红树林，红树林所需要的气候条件，最低气温必须在零度以上，年降水量在 1000 mm 以上，植物体均淹没在海水之中，由此可见，这是一个非常特殊的热带滨海环境。红树林的植物类群也很特殊，大多具有一定的耐盐度。红树林中常见植物有红树科、紫金牛科、海桑科、爵床科等。

解读 花粉

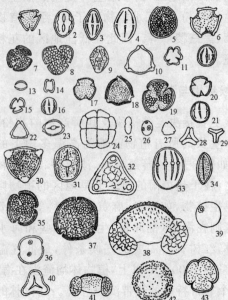

A. 温热气候环境中的树种及其花粉

第七章 谈天说地论花粉

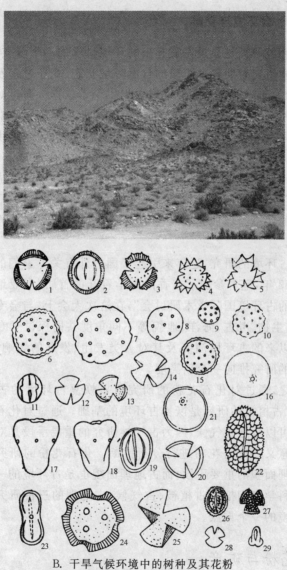

B. 干旱气候环境中的树种及其花粉

图 7-2 花粉与气候图

(四) 古环境与花粉

古环境研究是最近发展起来的环境科学的一个分支,它专门研究地质历史时期各个阶段的自然环境状态、变迁过程及演变原因,从而为研究地球及人类发展史提供科学依据。通过对古环境的研究,为寻找各种沉积矿产提供了重要的地质资料。对于人类历史时间古环境的研究不但可以为人类的发生、发展提供非常宝贵的资料,而且可以为现代环境的研究提供某些重要基础资料,因为现代环境是古环境演变的最后结果,现代环境的形成往往受各种古环境因素的直接制约。如我国大西北地区的干旱气候和大面积的沙漠的形成是直接受着几千万年以来青藏高原的隆起的影响。

对古环境的研究,近年来引起了国内外有关专家们的普遍重视。1983年,笔者参加了在香港大学召开的首届"东亚地区第三纪以来的古环境国际学术研讨会",在这次大会上,与会专家们从地质、古生物、考古、海洋、地貌等不同角度共同探讨了东亚地区第三纪以来的古环境演变及其对人类发生、发展的影响,从而把古环境的研究推向一个新高度。

总之,通过对化石花粉的研究可以恢复古环境的古植被类型,而对古植被的研究是恢复古环境的基础。通过对化石花粉的研究还可以重建古气候,因为古气候研究的重要手段是对具有指示气候意义的化石花粉进行分析推断。化石花粉的研究也是恢复古地理面貌的重要手段,而古地理面貌也是古环境的一个重要因素。科学家们把对古植被、古气候、古地理的三古研究作为研究古环境的一个重点。

三、花粉与矿产

化石花粉不但可以确定地层的年代,而且还可以提示各沉积矿产的分布规律,一般说来,各种沉积矿产的分布规律及其形成条件都直接或间接地与生物及其生活的环境有关,如各种生物遗体经过物理、化学的变化所产生的能源矿产——石油、煤的形成与化石花粉有着十分密切的关系。

各类孢子和花粉是形成石油的原始物质——干酪根,而干酪根经过热降解之后可以生成石油,干酪根热降解生油说是当前石油生成学说中最科学的一种解释。

据赵传本、高瑞琪、王开发等对松花粉、白皮松的花粉、向日葵的花粉、玉米花粉的热模拟试验证明,花粉能生成石油,其生油阶段可分为早期生油阶段和晚期生油阶段。早期生成的石油主要通过纤维素和原生质的热降解,当温度升至 300℃左右时可以生成石油,纤维素和原生质(即细胞内含物质)在地层沉积埋藏过程中容易被细菌分解、腐蚀或被氧化破坏,虽不能直接热解成烃类化合物,但纤维素经细菌分解后可以形成腐殖酸、腐殖酸进一步聚合形成干酪根,最后仍可以生成石油。晚期生成的石油主要是通过花粉外壁的孢粉素通过裂解生成,温度约在 400~420℃。

对化石花粉的颜色和半透明度的研究可以推断石油的成熟度,因为化石花粉长期埋在地下地层中,经受长期的高温的影响,随着温度的增加和时间的延长,化石花粉的颜色逐渐变深,半透明度逐渐加大。根据吴国瑄等的研究,地层厚度在 1900 m 以上的地层中的化石花粉的颜色多为黄色,颜色指数小于 2.4;当深度超过 1900 m 时,地层中化石花粉的颜色则变为棕黄色,颜色指数增加,各项化验指标在 1900 m 处均有明显的变化,因此 1900 m 的深度是有机质由未成熟向成熟,并开始较大量地转化生成油气的界线。由此可以判断在 1900 m 以上的地层中的化石花粉因颜色浅则不能生成石油,而到 1900 m 以下的地层中的化石花粉则可以生成石油,从而可以用化石花粉的颜色变化判断石油的成熟度。

据大庆油田研究,化石花粉半透明度在地层中的变化规律为：在 1000 m 以上的地层中的化石花粉的半透明度为 50%，古温度小于 60℃，有机质属未成熟阶段，不能生成石油；在深度相当于 1000～2000 m 的地层中的化石花粉的半透明度变为 45%，古温度为 60～110℃，有机质处于低成熟阶段，形成重质油；当埋藏深度在 2000～4000 m 时，化石花粉的半透明度变为 25%～35%，古温度为 110～170℃，有机质属于高成熟阶段，此时生成轻质油；当埋藏温度超过 4000 m 时，半透明度小于 20%，古温度大于 170℃，有机质属于过成熟阶段，此时只能生成干气。由此可见，根据化石花粉的半透明度在地层中的变化规律，能有效地判断有机质的成熟度以及划分生成石油的阶段。

另外，根据化石花粉在地下地层中的运移规律，可以判断原油的流动方向和石油的原生油的来源地。据研究，化石花粉由于形体微小而且大量存在于埋在地下的地层中的原油之中，当原油生成之后向某一处流动时，包含在原油中的大量的化石花粉也必然和原油一同流动。而科学家们通过对原油中的化石花粉的研究，则可以判认出哪些化石花粉是该储油地层固有的，而哪些化石花粉则是随着原油从源生油地层中运移过来的，经过原油花粉分析即可以判断原油的来源及原油运移的途径。

化石花粉不但和石油有着密切的关系，而且和煤的生成也有着十分密切的关系。煤是植物在高温高压之下经过长期的物理、化学作用而形成的，因此在煤中必然会有大量的由变成煤的各种植物所生产的化石花粉，因此只要通过对含煤地层中的化石花粉的研究，就能知道煤是由哪些植物变成的。化石花粉的研究不但能定出在煤中各种造煤植物的名称从而确定煤的物质组成，而且通过对造煤植物中花粉的研究还可以确定煤生成的时代（图 7-3）。据对植物化石和花粉化石的研究，我国地质历史上共出现三大造煤期：我国最早的第一次大规模造煤时代为距今约两亿年左右的晚古生代造煤期，在地质学上称为石炭纪-二叠纪造煤时期。当时主要的造煤植物为高大的乔木类植物，如鳞木和封卵

第七章 谈天说地论花粉

A. 古生代环境图

B. 中生代环境图

C. 新生代环境图

图 7-3 花粉指示成煤环境图

木,以及众多的晚古生代的种子蕨植物。地质历史上第二个造煤期发生在中生代的三叠纪、侏罗纪和早白垩纪,距今约两亿年到一亿多年。根据对中生代造煤时期的植物化石和花粉化石的研究,中生代造煤植物主要为松柏类植物和各种真蕨植物,如高大的古老松树和数量众多的真蕨类的桫椤树蕨。中生代造煤期的时代当然也是根据中生代煤层中的植物化石和花粉化石而确定的。我国的第三个造煤期,根据煤层中的植物化石和花粉化石定为距今约五千多万年前的早第三纪,当时的主要造煤植物为松柏类和各种乔木类的被子植物。

对煤系地层中化石花粉的研究还可以进行各个煤层之间的对比,以便确定煤系地层中煤层的多少、煤层厚度的变化。

对化石花粉的研究还可以确定其他沉积矿产形成的古环境条件。如石膏、钾盐、岩盐等由卤族元素形成的矿石,根据对其中化石花粉的研究,肯定是在干旱的古气候下形成的。由于当时大气中的降水量远远小于水的蒸发量,随着湖泊水量的逐渐蒸发,湖水减少的同时便会萌发出一系列的卤族元素形成的矿产,如石膏、钾盐、岩盐等。

另根据对现代植物花粉的研究也可以为寻找各种金属矿产提供线索。多年来,某些地质学家、古生物学家都是利用指示植物及其所产生的花粉来寻找某些金属含量特别高的地带和矿脉(特别是一些金属铜、铅、锌等矿产)的分布。所谓指示植物是指在一定的地区范围内可以指示某种特定的环境或某些特定情况下的植物的属种和群落,我们根据指示植物及其花粉的特征,结合植物调查及土壤表土中花粉分析,即可判断某些金属矿产分布的规律,直接为找矿服务。如在澳大利亚石竹科的 *Polycarpea spirostylis* 是铜矿的指示植物;在美国的密苏里州豆科的 *Amorpha eanescens* 是方铅矿的指示植物;在我国也有不少指示各种金属矿产的植物,如在安徽安庆附近生长的海州香薷是铜矿的指示植物。综上所述,在进行现代表土孢粉分析中,应特别注意某些指示金属矿的花粉是否有富集现象,以便用以判断某些金属矿产的分布规律。

四、花粉与考古

早在 20 世纪初,花粉分析在考古研究中就得到了广泛的应用。首先,通过对考古遗址中花粉的研究,可以了解当时古人类生活时期的古环境条件以及古人类的生活、生产活动对古环境的影响;其次,利用遗址中花粉分析资料可以了解当时古人类社会文化的发展。目前不少国家在考古研究中已经广泛运用花粉分析这一方法。在德国、丹麦、瑞典、俄罗斯、美国、日本和中国等,都有许多考古文化层进行花粉研究。我国对一些较大的考古遗址也都进行了花粉分析,并且取得了良好的研究成果,大大推动了我国考古学的发展,把传统考古学推向综合考古及环境考古的新时代。

解读 花粉

（一）花粉分析推断古人类生活的环境

在古代社会，原始人类及原始社会的形成和发展与所处的自然环境有着密切的关系，越原始的社会，人类对自然环境的依赖就越大，反过来，由于人类的生活活动也影响和改变着自然环境，所以可以通过花粉来研究古人类的生活环境。

由于古人类的生产水平低下，其生活就处处离不开他们所居住的环境，而古人类选择居住地址时就必然要考虑四周自然环境条件是否有利于他们的生活，这是古人类选址的一个原则。据笔者对环境考古学的研究发现，古人类决定居住地址的最重要因素有二：一是水源方便，水是人生活的第一要素，取水的方便、水源的充足是古人类决定居址的关键。据考证古人类绝大多数的居住地址均选在河流的二级阶地上或湖泊近岸的高地中，这些地点既满足了取水的方便，又保证了安全，由于在二级阶地之上，洪水不可能冲毁他们的家园。二是取食方便，因为河流和湖泊附近有充足的水源，既可打鱼也可狩猎，可保证充足的生活来源。例如北京镇江营考古遗址位于拒马河岸边的一个二级台地上，台地的一边为拒马河，提供了取水之便，同时也可以下河捉鱼；在拒马河的西北面为北京西山，为古人类提供了狩猎和采集食物的地域；在拒马河的下游为大片的平原，也为当时的古人类提供了农耕的环境，这样一个优越的自然环境就为古人类的生产和生活创造了十分有利的条件，所以镇江营遗址附近从新石器时代开始至商周朝都有人类在此生活（图7-4）。

古人类由于生产水平原始低下，他们必然选择优越的自然环境条件才能生活下来，而由于长期的古人类的生产、生活活动也就必然对自然环境产生影响。

据日本考古学家安田喜宪对日本大阪市弥生时代前后（距今约 2450±85 年，据 ^{14}C 测定）瓜生堂遗址的花粉分析：在弥生时代人类在此居住以前，遗址四周是生长着以青冈和栗树等为主的森

图7-4　用化石花粉恢复古人类居住环境图

林;至弥生时代人类居住时,由于人类的活动,大肆砍伐森林,在遗址周围则变成了以禾本科和水龙骨为主的草原;弥生时代末期,遗址被放弃以后,四周森林再度恢复,但这时的森林与弥生人类居住以前的青冈、栗林为主的常绿阔叶林有若干不同,林中除青冈以外,还增加了柳杉、松树等再生能力很强的树种。由此可见,古人类的生产和生活也能大大改变自然环境。

(二) 花粉分析可以阐明古代社会文化的发展

在人类社会发展的过程中,通过对遗址内的花粉研究,可以推断人类如何从采集和狩猎的游牧生活发展为以农耕为主的定居生活。

根据对浙江河姆渡考古遗址中大量水稻壳的发现,说明早在7500年以前我们的祖先已经开始了水稻的栽培,从而进入了农耕社会。我国浙江河姆渡遗址中栽培水稻的发现,把人工种植水稻的历史提前了3000年(在此之前,认为人类种植水稻最早为印度,约4500年前),这是考古学上的一个重大发现。

北京大学考古系和美国考古学会于1993—1995年组成中美农业考古队,前赴江西省万年县进行水稻起源的研究,笔者参加了这次研究,并且运用花粉分析的方法成功地完成了对我国水稻起源的研究课题,研究结果认为在江西万年仙人洞遗址中发现的人工栽培水稻的时间为距今10 000年左右,现将对水稻花粉研究的成果简介如下:在遗址的最下部文化层(约12 000年)中发现了零星的水稻花粉,不但数量少,而且个体小(约30 μm)。而在距今约10 000年的上部文化层中则发现大量的水稻花粉,水稻花粉的个体明显增大(约30~40 μm),而且水稻花粉的含量也大大高于最下部文化层中的水稻花粉。这样一个变化,充分证明了由野生水稻向人工栽培水稻的演变过程,这一研究结论也为综合研究中的其他研究成果所证明。从此把世界水稻起源的研究推向一个新水平,把水稻起源的历史提前了5000年,这又是一次考古学上的重大发现。该研究成果曾在美国发表。

从浙江河姆渡遗址和江西万年仙人洞遗址中两次水稻超源的新发现,其意义远远超出稻作物起源的研究,这涉及对我国古代文明的认识问题。在河姆渡遗址发现之前,普遍的看法认为黄河流域是中国文化的起源中心,长江以南地区只是受到黄河流域文化的影响才发展起来的。鉴于河姆渡遗址的时代超过北方仰韶文化的时代,而且出土的遗物中,稻谷也如黄河流域的小米一样大量出土,因而需要对中华民族的文化重新加以认识:即中华民族的文明是以黄河流域的旱地作物为代表的黄河中下游和以长江流域为代表的水田作物——水稻的长江流域的文明共同交融发展起来的,是黄河和长江两大河流共同哺育了中华民族,共同形成了中华民族的古文明。据研究,发现中华的古文明远不止于五千年,不论从代表生产力发展的农作物起源的历史,还是代表上层建筑的音乐、美术的历史都远远超出五千年,真可谓中华万年文明古国也!

五、花粉与侦探

花粉已经涉及国民经济的许多方面,对花粉的研究在司法、刑侦及破案方面同样得以发挥其特有的作用。在欧洲早已把花粉分析法作为侦查、破案的有效手段。一般说来,侦破一个案件要靠公安人员详细研究、调查同案件有关的各方面的材料,而这些材料中有相当一部分要依靠分析、化验作案人所接触的某些器物和各种样品才能得到。采用花粉分析的方法即可以为破案人员提供某些重要的线索。

一个案件的发生,离不开其周围的环境,而花粉则是在四周环境中无处不在的生物微粒。它可以反映当时当地的各种环境条件,特别是对时间、地点条件的反映更为灵敏、准确。在北京一年绝大多数时间(3~10月)在大气中都飘浮着各种各样的花粉,而且在不同的季节花粉的种类和数量也各不相同,在北京每年的3、4月份是榆树和杨树大量开花的季节,在这段时间内,空中到处是榆树和杨树的花粉,而北京的秋季则是各种杂草开花的季节,像菊科中蒿属花粉以每年的8月中旬到9月中旬在空气中含量最高。从而可以运用花粉在空中不同时间的含量变化,来确定作案的时间。例如,当从作案人身上或携带物中分析出大量榆树的花粉,那么其作案的时间肯定是在3月底到4月中旬这段时间,否则身上不可能粘附大量的榆树花粉。另外,不同的植物往往生长在不同的环境之中,高山上多生长松林,而在低洼的水塘中则多生长水生的草本植物,如眼子菜、黑三棱和芦苇等。在不同地理环境条件下所含花粉的种类的多少也各不相同。在城市中由于不同的街区绿化的树种的不同,不同街区内花粉的含量也不相同。如在某些街区人行道树种以豆科的洋槐树为主,那么当5月份洋槐树开花时,在该地区空中必然会有大量的洋槐的花粉。反之,如果人行道的树种为雪松,那么这一地区每年在雪松开花传

解读 花粉

粉季节则空气中含有大量的雪松的花粉。这种自然规律也就为运用花粉分析方法侦破作案地点提供了依据。如果在北京发现了某作案人携带的衣物中含有大量的桦树科的鹅耳枥的花粉,则说明其作案的时间肯定在5月,作案的地点肯定在北京西山的金山寺附近。因为北京鹅耳枥树的开花期在5月,而且从北京市的植被分布图上可以看出该种植物大量密集生长的地区只有金山寺后面的山坡上,它是北京市惟一的自然纯鹅耳枥林。这种特定植物的特定生长地区为运用花粉分析方法破案提供了非常重要的线索。

总结起来,运用花粉破案的原理是根据花粉个体小、量轻、数量多的特点,在作案人的身上和作案地点会有当时正处于盛花期的某些植物的大量花粉。另一方面,不同植物生长的环境不同,因而这些植物的花粉也往往是确定作案地点的重要依据。

在欧洲运用花粉分析法已经成功地破获了一些重大疑难案件。如在奥地利,运用花粉分析法曾破获过一起凶杀案,其过程大致如下:有一个人在沿着维也纳附近的多瑙河旅行时失踪了,破案人员采用了各种方法寻找,甚至沿河打捞、直升机侦查都未发现失踪者,这时有一个被怀疑是杀害失踪者的嫌疑犯被逮捕,但他矢口否认与此案有任何关系。但花粉工作者从此人身上、鞋子上粘带的泥土取样进行花粉分析,发现泥土中含有很多松树和桤木植物的花粉,而且在同一样品中还发现了一些早第三纪(渐新世)地层中化石花粉,这样一种现代花粉和第三纪化石花粉混杂在一起,而且同被粘附在这个人鞋子上的奇怪的现象,说明杀人犯肯定到过一个生有松树和桤木的林子,而且林下的土壤很可能直接由第三纪地层风化而来,或者第三纪的松散的岩石直接暴露在地表。当取来维也纳的地质图和植被分布图加以综合分析之后,发现在维也纳南部的一个地方果然有一片由松树和桤木组成的林子,而且该树林直接生长于由第三纪粘土所组成的基岩之上。这样一个特定地点上的花粉组合类型和该罪犯鞋子上分析出的花粉组合类型完全相同,由此可以肯定该罪犯一定到过该地。开庭审判此人当场指出杀人地点在维也纳南部的一个由松树和桤木组成的树林附近的水洼地时,罪犯大为吃惊,于是只好低头认罪。

运用花粉分析破案不但可以从作案人身上所携带污物中进行花粉分析,而且也可以从作案人的食物中进行花粉分析,因为不论人或动物都食用大量的以植物为原料的食物。如我们常吃的大量蔬菜中必然含有大量的某种蔬菜类的花粉,如我们经常作菜食用的百合科的黄花菜(又名金针)肯定含有大量的百合科的花粉,而在我国南方常吃的大量的蕨菜中,也必然会有大量的蕨类植物的孢子。从动物的粪便中也同样可以判断动物的食物种类,例如,百合科的黄花菜的花粉与藜科中菠菜的花粉是截然不同的,黄花菜的花粉是大个体(60～90 μm)、长球形单沟的花粉类型,而且在花粉粒的表面上具有网状纹饰;而菠菜的花粉则是小个体(25～35 μm)、圆球形的散孔类的花粉。而且它们的生态环境也完全不一样,藜科的菠菜生长在干旱气候之下居多,而百合科则多生长在山区向阳的山坡之上。据此,我们可以根据花粉分析判断与食物有关的案例。

在南美洲巴西圣保罗,有一个叫圣锡莫的地方,生长着大片的热带雨林,在森林中生活着一种野蜂——无翅蜂,它们经常采集森林中各种植物的花粉和花蜜而酿成野蜂蜜。有一天,一个男孩去森林中玩,偶尔发现了由野蜂酿成的一大盘野蜂蜜,他便取出其中的蜂蜜直接吃下去,回家后不久,肚子疼痛难耐,很快死亡。男孩的死因一直是个谜。后来对男孩胃中的食物进行分析,结果发现了许多有毒的植物花粉,该种花粉经鉴定属于无患子科的致塞战簖的植物所产生的,而且男孩胃中所有食物中惟一有毒的就是该种植物的花粉,自此男孩的死因才大白于天下。

运用花粉分析方法于侦探破案方面,具有普遍意义。在任何一个案件中均可采用花粉分析的方法提供线索,只要将此方法广泛应用于司法之中，必然会取得重要的收获。可以预料，花粉分析法在破案上的应用有着广阔的发展前景，而且必将成为侦查破案中同指纹分析法同等重要的方法之一。

我国对此种方法的应用，有关部门也非常重视，如早在20世纪70年代，中国科学院植物研究所著名花粉学家张金谈研究员曾接受了有关部门委托，对京津塘地区的花粉的基本情况作了详细的调查，其内容包括大气花粉分析、不同植被类型的地表土样的花粉分析、该地区植物花粉形态特征的描述以及各种植物开花传粉的季节规律的研究，还为该项研究课题举行了科学鉴定会。会上专家们对该项研究给予了高度的评价，特别指出在刑侦破案方面提供了许多有重要价值的科学资料，笔者参加了这次成果鉴定会，对花粉的许多奇妙用途有了进一步的认识。

关于花粉的广泛应用，还远不止于本章所谈到的内容，如花粉的形态学研究和植物分类有着十分密切的关系，通过花粉形态的详细研究，可以为植物分类学提供许多重要资料，修订传统植物分类系统中某些不科学的地方。如张金谈先生在研究金缕梅科的花粉形态时，发现该科的共同特点是都具有三沟构造，但惟有该科的枫香属花粉（Liquidambar sp.）的形态与其他各属的共同特点不同，它的形态特点不是三沟类型，而是和三沟花粉没有任何共同之处的散孔类型。据此研究，他认为枫香属不应当归入金缕梅科之中，而应当独立成一个新科，命名为阿丁枫科。该结论发表后不但得到广大花粉学者的支持，而且也得到了植物分类学家的赞同。

花粉的研究在对被子植物的起源和演化等重大理论问题的探讨方面也能提出重要的科学资料。笔者等人对我国辽西义县组中被子植物的原始类型的花粉进行了系统的分析，发现义县组中的原始被子植物花粉代表着被子植物的起源初始阶段，是在全世界首次发现的最古老的被子植物花粉，该研究成果发表在代表中国地质学研究最高水平的杂志——《地质学报》上。

附录　人们对花粉关注的几个问题

在历次的花粉讲座中,听众提出的最多的问题是:花粉破壁问题、花粉致敏问题、花粉激素问题和有毒花粉问题。

现就上述四个问题,笔者本着科学的客观的原则谈谈个人的看法,以供参考。

一、花粉破壁问题

花粉破壁问题一直是一个颇具争议的问题,而争议的实质是:花粉如果不进行破壁处理,花粉细胞壁内的营养成分能否被人体吸收?如果不进行破壁处理花粉内的营养成分也能为人体吸收,那又是通过什么途径吸收的?对待上述破壁与否的看法,长期以来有两种截然不同的观点。

一是主张破壁的观点认为:花粉如果不进行破壁处理,由于花粉壁坚固而人体不能吸收花粉壁内的营养物质,所以,花粉在食用前必先进行破壁处理,使花粉内营养物质流出壁外方能为人体消化吸收。而另一种观点则是,花粉不必破壁:因为花粉内的营养物质可以通过花粉壁上的孔、沟等花粉的萌发器官而释放出来为人体吸收,而且花粉食用之后经过胃肠内的各种消化酶的作用也可以对花粉有破壁作用,所以不必破壁照样可以被消化吸收。上述两种观点的持有者,长期争论不休,直接影响着花粉产品的生产工艺设置和广大消费者对花粉破壁的科学认识。为了澄清广大消费者在花粉破壁问题上认识的混乱,下面笔者运用科学试验的事实和理论上的分析两个方面谈谈对花粉破壁的认识。

一方面,花粉外壁上有规律地分布着孔、沟等花粉的萌发器官,一旦花粉成熟之后,花粉中的内含物——营养成分便会很容易从花粉自身的孔、沟中流出来而注入花粉管,所以花粉生理过程本身就有向外释放营养成分的构造,不必破壁花粉中的营养成分同样可以通过花粉的各种萌发器官释放出来。另一方面,从动物试验的结果也证明,绝大多数经过胃肠消化吸收的花粉的外壁会被各种消化酶类破坏,从而也达到了破壁的目的,所以花粉不通过专门破壁处理同样可以达到吸收花粉中的营养的目的。而且在国外许多绿色食品店中绝大多数的花粉产品都是未经过破壁处理的花粉团(原花粉)或人工采集的呈粉末状的松花粉。在日本供出租车司机食用的花粉片就是直接用花粉团拌蜂蜜混合压制而成的片剂。所以若作为食品,不论从理论上花粉本身的构造还是从动物解剖试验中都充分地说明花粉不破壁完全可以被吸收。破壁与不破壁的吸收率的对照研究也说明吸收率变化不大,经破壁的花粉,其吸收率大约为85%,而未经破壁花粉的吸收率也可达到82%。

在破壁过程中花粉中的营养成分也不可避免地受到损失,特别是花粉中的许多活性物质,如各种酶类物质和各种腺体、激素等都会因打破花粉壁而挥发,而且花粉由于失去外壳的保护,容易霉变。

花粉破壁与否还决定于产品的用途,如果制作外涂的花粉化妆品则一定要进行破壁处理,否则,面部是无法直接吸收未经破壁的花粉中的营养成分的。

二、花粉致敏问题

花粉致敏在医学上称为花粉症(pollinosis),欧洲又称枯草热(hay fever),是由植物的花粉引起的过敏性疾病。引起花粉过敏性疾病的人,首先是具有花粉过敏体质的人。据调查,不同人种过敏体质的人的比例各不相同,如白种人过敏体质的人占的比例较大,最高可占10%左右;黑种人过敏体质比例很小,约占0.1%左右;而黄种人的过敏体质则介于白种人和黑种人之间,约为千分之四五。所以具有过敏体质的人的比例在总人口中只是极少数。对于具有花粉过敏体质的人，也并不是所有的花粉都能引起过敏。一般说来，虫媒花的花粉很少能引起过敏反应。造成花粉过敏反应的一般多为风媒花，它们花朵细小，花粉粒个体很小，一般只有 $15\sim30\ \mu m$，且产量很大。据报导，在美国东北部每 2.6 平方千米范围内豚草（*Ambrosia*）丛生的土地上，在豚草的盛花期，豚草花粉约有 16 吨；在美国东北部空气中经常保持有 250 000 吨花粉到处飘散。但在风媒花中也不是全部都引起过敏反应，如松花粉就不会引起过敏，因为花粉表面上没有致敏原物质。所以只要你对花粉过敏有一个正确的了解，就不会盲目地产生恐慌，你只要不是过敏体质，接触致敏花粉后就不会产生过敏反应。

预防花粉过敏的方法非常简单，如北京的花粉致敏源只有蒿属花粉一种，而蒿属在北京的开花季节又仅限于每年的 8 月中旬至 9 月中旬，只要在这一个月内减少接触蒿属花粉就可以预防。而在上海主要的花粉致敏源为蓖麻和葎草，在广州花粉致敏源为野苋菜、苦楝和木麻黄，不同地区有不同的花粉种类致敏，只要注意避免接触致敏花粉，即使是花粉过敏者，也不会发生花粉过敏反应。更何况凡是正规的花粉产品都必须经过脱敏处理，所以尽可放心食用。

三、花粉激素问题

花粉中激素的主要类型是植物体中所特有的类型，如植物生长素、赤霉素、细胞分裂素、乙烯、生长抑制素、油菜素内酯等。但在某些花粉中的确也含有少量的人和植物体中共同存在的激素，如人生长素在花粉中也存在，都具有促进生长的作用。经研究表明，在花粉中确也含有性激素，如雌性激素雌二醇和雄性激素睾酮等。在不同的花粉中性激素的含量差别很大，如板栗、乌桕、黄瓜的花粉中雌二醇的含量很高（$106.62\sim144.40\ \mathrm{pg/g}$），其他的花粉中雌二醇的含量却很少。在花粉中雄激素睾酮也有所发现，而且不同的花粉中睾酮的含量差别也很大，如百合花粉中睾酮可达243.55 ng/g，但绝大多数的花粉睾酮含量甚微，如油菜、核桃花粉中就不含睾酮。从上述花粉中雄激素含量的变化，可以根据不同花粉的种类用于不同的人群，对中老年人由于性激素的减少，必须适当地补充性激素，男性老人可以选用百合的花粉，以促进男性激素的增长，而老年妇女则可采用板栗花粉以增强雌激素的作用，对中老年人都是有好处的。

而对于青少年和儿童则可选用不含性激素或含性激素很少的花粉品种作为增强体质，促进生长、发育的营养补充剂。特别是对于体弱及发育不良的儿童，更应当多服用花粉。不能笼统地反对儿童服用花粉。

四、有毒花粉问题

在植物界中的确会有极少量的有毒花粉，如我国东北地区百合科的藜芦可以使蜜蜂中毒而死亡；但也有些植物体有毒，而它所产生的花粉却无毒，如我国宁夏地区的一种萝摩科的植物老瓜头，动物都不敢食用，但老瓜头所产的蜂蜜却是上等好蜜，而且远销美国。

在自然界有毒花粉虽然数量极少，但对人、对蜜蜂危害都极大，为了及时辨认有毒花粉，防止中毒，现将我国常见的有毒蜜粉源植物及其花粉的特点简介如下。

1. 雷公藤（*Tripterygium wilfordii*）

该植物属卫矛科（Celastraceae）中的雷公藤属，藤本或灌木，高达3 m，小枝棕红色，有3～4棱，密生瘤状皮孔和锈色短毛；单叶互生，卵圆形至宽卵圆形，长5～10 cm，宽3～5 cm，叶基部近圆形，边缘具细锯齿，叶柄长约8 mm，聚伞圆锥花序，顶生或腋生，长5～7 cm；花杂性、白绿色，花冠5，浅裂，裂片三角状半圆形，花瓣5,雄蕊5枚,子房上位,柱头浅裂,蒴果,成熟后为茶红色,具三片膜翅,长圆形。

该植物多生于长江流域以南各山区的山谷、山坡灌丛及疏林中。一般湖南为6月开花,蜜蜂采后中毒。

花粉扁球形,极面观为三或四裂圆形,大小为25～32 μm,具3～4孔沟,孔沟明显,沟长,末端尖,孔大,近圆形,表面具规则的网状纹饰(图1)。

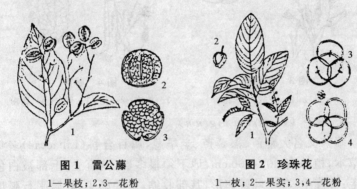

图1 雷公藤
1—果枝；2,3—花粉

图2 珍珠花
1—枝；2—果实；3,4—花粉

2. 珍珠花（*Lyonia ovalifolia*）

珍珠花又名山胡椒、乌饭、南烛,属于杜鹃花科(Ericaceae),落叶小乔木或灌木,树皮茶褐色；小叶互生,卵形或卵圆形,末端尖锐,基部近圆形,长6～10 cm,宽2～6 cm,全缘；总状花序,腋生,长4～8 cm,基部有2～3片小叶,花冠椭圆形,坛状,白色,蒴果球形,褐色。本种植物分布于西南各省区及台湾、西藏一带的较高的山坡、山谷、灌丛及林缘,花期5～6月份,三十多天,由于花蜜中含有毒素,蜂蜜有苦味、麻感。

花粉为四合花粉,大小25～40 μm(图2)。

3. 羊踯躅（*Rododendron molle*）

羊踯躅又名黄杜鹃、闹羊花、老虎花,属于杜鹃花科杜鹃属,落叶灌木,高1～2 m；单叶互生,叶片椭圆形至椭圆状披针形,末端钝而短尖,其基部楔形,长6～12 cm,叶柄长3～5 cm,具茸毛；

伞形花序顶生,先花后叶,花冠钟状,金黄色,雄蕊5,子房上位,蒴果,花期4～5月份。主要分布于长江以南各省区。

花粉为四合花粉,大小37～62 μm(图3)。

图3 羊踯躅
1—果枝;2—花枝;3—花粉

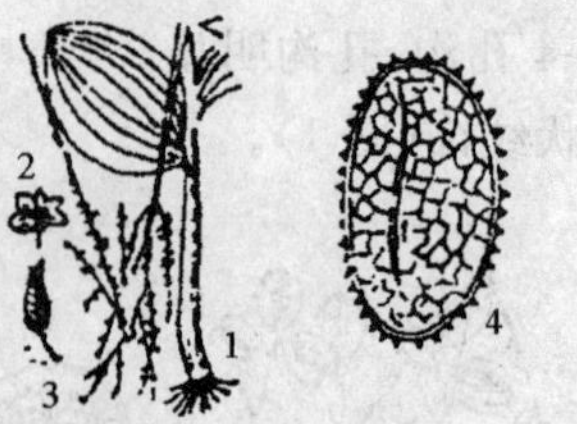

图4 藜芦
1—植株;2—花;3—果实;4—花粉

4. 藜芦(Veratrum nigrum)

藜芦又名大藜芦、黑藜芦、老旱葱,属百合科(Liliaceae)多年生草本,植株高60～100 cm,地下须根多数,茎直立,上部被白色绒毛;叶互生,茎生叶阔卵形,基部收缩,末端渐尖,叶脉平行弧形脉;圆锥花序顶生,长30～50 cm,两性花多生于花序轴上部,雄片多生于下部,花多,花瓣暗紫色披针形,雄花蕊6,直立,蒴果。本属各种均为有毒蜜源植物,主要分布于东北林区,华北、西北亦有,花期在东北为6～7月份,蜜粉丰富,蜜蜂采食后很快抽搐而死。

花粉为宽椭圆形,大小20～35 μm,具单远极沟,表面具纲网状纹饰(图4)。

5. 油茶(Camellia oleifera)

油茶又名油茶树、茶子树、建茶,属山茶科(Theaceae),常绿灌木或小乔木,高2～3 m,有时可达7～8 m;单叶互生,具柄,椭圆形至卵状椭圆形,长6～8 cm,末端渐尖,基部楔形,边缘有细锯齿;花白色,顶生,花瓣5～7,雄蕊多数,蒴果球形。油茶分布于我国中南至东南各省区,喜生于温暖湿润气候,花期10～12月份,花中花蜜特别丰富,一朵花中的蜜几只蜜蜂也采不完,花蜜可以使蜜蜂中毒,人食无毒。

花粉近球形,大小 28～26 μm,具三孔沟,沟中间收缩,内孔横长,表面具细网状纹饰(图5)。

图5 油茶
1—植株;2—果实;3,4—花粉

6. 钩吻 (*Gelsemium elegans*)

钩吻又名葫蔓藤、大茶藤、断肠草,属马钱科(Loganiaceae),常绿藤本,枝光滑;叶对生,卵状长圆形至卵状披针形,长 7～12 cm,宽 2～5 cm,末端渐尖,全缘,基部宽楔形;聚伞花序顶生,花小黄色,花冠漏斗状,末端5裂,雄蕊5枚,子房上位2室,柱头4,浅裂,蒴果,卵状椭圆形,花期 6～8 月份。该植物主要分布于浙江、福建、广东、广西、贵州、云南等地的向阳山坡、路旁、草丛中,单株或成片生长。

花粉球形,大小 31～35 μm,或三孔沟,沟在赤道处膨大成纺锤形,两端细,渐尖,具沟膜,内孔横长,纺锤形,外壁 2～2.5 μm,表面具网状纹饰,网脊上有颗粒状突起(图6)。

7. 乌头 (*Aconitum carmichaeil*)

乌头又名草乌、老乌,属毛茛科(Rannuculaceae)多年生草本,块根倒圆锥形;叶互生,叶片五角形,上部再三浅裂,边缘具粗锯齿,总状圆锥花序,青紫色,花瓣2,蓇葖果,长圆形。该植物分布于东北、西北、华北和长江以南各省区的山坡草地。

花粉近球形,大小 25～30 cm,具三沟,沟宽,两端变窄,外壁两层,表面具颗粒状纹饰(图7)。

图 6. 钩吻　　　　　　　　图 7　乌头
1—植株;2—花;3,4—花粉　　1—植株;2—果;3,4—花粉

总之,有毒花粉在整个蜜源植物中只是极少数,只要及时了解四周环境中有无含有毒花粉的植物生长,及时采取措施,则不致产生不良影响。对于食用花粉中有毒花粉的检验,在显微镜下仔细观察,则不难发现,然后,根据含量的多少加以适当处理即可。

主要参考文献

[1] 王宪楷.天然药物化学.北京:人民卫生出版社,1988
[2] 王贻节.蜜蜂产品学.北京:农业出版社,1994
[3] 王开发,王宪曾.孢粉学概论.北京:北京大学出版社,1983
[4] 王开发.花粉营养价值与食疗.北京:北京大学出版社,1986
[5] 王开发等.花粉营养成分与花粉资源利用.上海:复旦大学出版社,1993
[6] 王开发等.花粉的功能与应用.北京:化学工业出版社,2004
[7] 王宪曾,王开发.应用孢粉学.西安:陕西科学技术出版社,1990
[8] 王宪曾.花粉环境人类.北京:地质出版社,1992
[9] 王宪曾.山东临朐中新世山旺湖古环境初探.北京大学学报(自然科学版),1981年第四期
[10] 王宪曾等.辽宁西部义县组被子植物花粉的首次发现.科学出版社,地质学报,2000,74卷3期
[11] 王宪曾,缪平.花粉多糖应用研究.花粉与人类健康,全国第三届花粉学术研讨会论文集,1992
[12] 王宪曾等.花粉在蜂医学研究中的意义.迈向新世纪的中国花粉事业,第六届全国花粉资源开发与利用学术研讨会论文集,2000
[13] 王宪曾.强化食品——蜂产品应用开发的新领域.第三届中国国际保健节论文集,2003
[14] 王台虎.花粉的功效.北京:国家出版社,1995
[15] 王台虎.认识花粉.北京:国家出版社,2001
[16] 王伏雄等.中国植物花粉形态(第二版).北京:科学出版社,1995
[17] 王萍莉.中国实用花粉.成都:四川科学科技出版社,1998
[18] 王金庸等.中医蜂疗学.沈阳:沈阳出版社,1997
[19] 韦仲新.种子植物花粉电镜图志.云南:云南科技出版社,2003
[20] 天津轻工业学院,无锡轻工业学院.食品生物化学.北京:中国轻工业出版社,1994

[21] 卡亚.花粉：花粉的采收和它的特性与利用.北京:科学出版社,1981
[22] 叶世泰等.中国气传及致敏花粉.北京:科学出版社,1988
[23] B.B.布坎南等.植物生物化学与分子生物学.北京:科学出版社,2004
[24] 刘志皋.食品营养学.北京:中国轻工业出版社,2003
[25] 刘潮临等.蜂疗与养生.北京:科学出版社,1999
[26] 安奎,何铠光.养蜂学.台北:华香园出版社,1997
[27] 宋之琛等.中国孢粉化石(第一卷).北京:科学出版社,1999
[28] 张金谈.现代花粉应用研究.北京:科学出版社,1990
[29] 杜冠华等.维生素及矿物质白皮书.郑州:河南科学技术出版社,2003
[30] 坡克罗夫斯卡娅等.花粉分析.北京:科学出版社,1956
[31] 施锐等.花粉症.北京:人民卫生出版社,1984
[32] 房柱.花粉.北京:农业出版社,1985
[33] 胡适宜.被子植物胚胎学.北京:人民教育出版社,1982
[34] 赵霖.中国人怎么吃.北京:军事医学科学出版社,1998
[35] R.B.诺克斯.花粉与变态反应.北京:科学出版社,1983
[36] 徐景跃等.蜜蜂花粉研究与利用.北京:中国医药科技出版社,1991
[37] 黄增泉.台湾空中孢粉志.台北:国立台湾大学植物学研究所出版,1998
[38] 盛英夫.蜂蜜、花粉之活用.台北:智能大学出版有限公司,2001
[39] 唐传核.植物生物活性物质.北京:化学工业出版社,2005
[40] 蒋立科.花粉的采集与利用.合肥:安徽科学技术出版社,1990
[41] 谭仁祥主编.植物成分分析.北京:科学出版社,2002
[42] 潘瑞炽等.植物生理学.北京:人民教育出版社,1979
[43] 潘建国.论蜂产品健脑益智的作用机制.蜜蜂杂志增刊,2005年3月
[44] 腾燕华等.松花粉与人类健康.北京:中国轻工业出版社,2002
[45] R G Stanley, H F Linskens. Pollen: Biology, Biochemistry, Management. New York: Springer-Verlay, 1974
[46] R H Tschudy and R A Scott. Aspects of Palynology. New York: John Wiley & Sons, 1969
[47] A Traverse. Paleopalynology. Boston: Unwin Hyman London, 1988
[48] O Dragastan, I Petrescu, L Olaru. Palinologie: Cu Aplicatii in geolo-

gie. Editura Didacticasi Pedagogica,Bucuresti,1980

[49] 上野实朗.花粉百话.风间书房,1979

[50] 岩波洋造.花粉学大要.风间书房,1964

[51] 德永重元.花粉分析入门.丸善株式会社,1972

后 记

本人积四十余年对花粉的潜心研究，深知花粉是人类最理想的营养源之一，是健康长寿的基石。随着人们对花粉认识的日益深入，花粉必将对人类的健康发挥越来越大的作用。

在这一认识的基础上，近年来，本人一直想编写一本花粉与人类健康方面的科普读物，将花粉在营养保健方面的作用和在医疗方面的功效介绍给大家。如今，在花粉业内朋友的支持和鼓励下，《解读花粉》一书终于和读者见面了。

中国食文化研究会会长、原农业部副部长杜子端先生一向关心花粉事业，今又欣然为本书作序；中国农业科学院徐景耀研究员在百忙中审阅了全部书稿，提出了宝贵意见并慨然赋诗；经王开发教授许可，本书引用了《花粉的功能与应用》一书的部分科研成果；在本书的出版过程中，得到了北京大学出版社的鼎力支持。在此一并致谢！

在这里还要特别感谢舒仲花粉公司、北京紫云英保健品开发公司、上海时艺保健食品有限公司、新时代健康产业公司和北京东方颐园蜂产品公司为本书的顺利出版所给予的大力支持。

在本书的编写过程中，还得到了我的夫人、中国国家博物馆研究员王凌云的帮助。书中所引用的各种图表，除少数由作者编绘外，均采自书后所列的参考文献中，文中未一一注明出处，请谅解。

由于作者水平所限，书中难免有疏漏和错误，敬请读者朋友批评指正。

编 者

2005 年 3 月 26 日